猫とふたり暮らし

造事務所 編

メディアパル

はじめに

猫を家族として迎え入れよう

自宅で仕事をする機会が増え、ペットとの暮らしを楽しみたいと思っているあなた。それなら、猫をおすすめします。犬とちがって散歩する必要がなく、ひとり暮らしの女性やお年寄りに人気です。

ただし、「かわいいしぐさで癒してくれる」「さみしさをまぎらわせてくれる」からといって、甘く見てはいけません。

猫と暮らすということは、家族がひとり増えるということ。かわいいだけではすまされない、さまざまな問題が起こります。最後まで責任をもって飼う覚悟も必要です。

本書は、はじめて猫と暮らすあなたに、心がまえから部屋づくり、食生活の注意点、しつけ、つめとぎや抜け毛対策などを紹介します。さらにペットホテルの使い方や、病気・ケガなど「もしも」のときの対応や看取り方まで、しっかり解説しました。あなたと猫のふたり暮らしが、幸せで楽しいものになることを願っています。

造事務所

もくじ

パート1

猫と暮らす前に

パート2

猫との暮らし スタート編

パート3

猫との暮らし 実践編

パート4

猫との暮らし お手入れ編

パート5

猫との暮らし 老猫編

パート1

猫と暮らす前に

ひとり暮らしで猫と暮らす メリット、デメリット

◆猫と暮らすということ

「猫を飼おう！」そう思い立ったあなたは、ウキウキそわそわ。愛猫とのふたり暮らしをあれこれ想像していることでしょう。でも、少し落ち着いて考えてみてください。

あなたは、ほんとうに猫と暮らす心がまえができていますか。猫は新しい家族です。途中で何があっても、生涯手放すことなく、ともに暮らしていく覚悟はできているでしょうか。

ここでは、ひとり暮らしで猫と暮らすメリット、デメリットをあげてみました。

◆メリットは数多くある

第一に**猫はとってもかわいくて癒やされます**。仕事で疲れたり、落ちこんだりした日

ご主人に撫でられるのは、「たまに」が幸せなんニャ！

猫を飼うメリット

も、帰宅して愛猫が自分の帰りを待っていたりしてくれたら、いやなことも忘れることができるでしょう。

じつは、猫などのペットを撫でると、脳内でオキシトシンの分泌が促進されることがわかっています。オキシトシンとは幸せホルモンといわれ、ストレスから脳を守ったり、自律神経を整えたりする役目があります。

第二のメリットは、**ひとり暮らしの心細さから救われる**ということ。たとえばあなたが体調が悪くて寝込んでいると、猫は飼い主の不調を察して添い寝をしてくれることがあります。

第三のメリットは、猫を飼っている人は、飼っていない人と比べて、**心筋梗塞などで亡くなるリスクが、約40％減少す**

るということ。これはアメリカで行われた調査の結果です。同じ調査で、犬を飼っている人と飼っていない人とを比べると、心筋梗塞の発症率にさほど差がなかったという結果も出ています。つまり、心血管系の病気の原因となるストレスから猫が守ってくれる、ともいえます。

ほかにもメリットとして、**冬でもあたたかい**ので、心までほっこりする、早起きな猫に合わせて**規則正しい生活が送れる**、**掃除の習慣が身につく**、**運動不足が解消される**、**たくさんの思い出ができる**など、たくさんあげることができます。

◆意外なデメリットは「旅行に出づらい」

それでは、逆にひとり暮らしで猫を飼うデメリットを考えてみましょう。

まず第一に、**つめとぎの被害にあう可能性が高い**ということ。猫にとってつめとぎは、なくてはならない行為。ストレス解消の意味合いもあるので、むやみに禁止させることはできません。つめとぎ板を用意しても、猫はあらゆる場所でつめをとぎたがります。じゅうたんや壁紙、ソファなどがボロボロになることもあります。

第二のデメリットは、猫は肉食なので**トイレが臭う**ということ。消臭効果のあるトイレ用の砂があるので用意するといいでしょう。

第三のデメリットは、**あらゆるものに毛がつく**ということ。まめにブラッシングをし

猫はイタズラが大好き

つめとぎや毛のほかにも、部屋が汚れたりすることは増えるでしょう。

ていても、換毛期（3月、11月ごろ）にはとにかくよく毛が抜けます。掃除をしていても、取りこんだばかりの洗濯物、じゅうたん、そして自分の服やカバンにも、猫の毛がつくことを覚悟しておかなければなりません。

第四のデメリットは、**旅行に出づらくなる**ことです。1泊2日までなら、猫はひとりで留守番できますが、代わりに世話をしてくれる人がおらず、ペットホテルなどが近くにない場合は、2泊以上の旅行や出張はできないと考えたほうがよいでしょう。

猫を飼うことで生じるさまざまな可能性を想定した上で、やっぱり猫と暮らしたいと思えたら、さあ、実行に移しましょう。

プラスマイナスいろいろあるけど、一緒に暮らせたらうれしいニャ～

愛猫の生涯に寄りそうためにわかっておきたい年齢と成長

◆猫の1年は人間の4年分に相当

猫の平均寿命は一般的に15・5歳くらいといわれており、この10年ほどで、約1歳のびています。背景には、獣医療の進歩、飼育環境の改善、飼い主のペットへの意識の向上などがあげられるでしょう。

猫は生後1年で人間でいう高校生くらいに成長し、生後1年半ともなればもう立派な大人猫。生後2年からは、猫の1年間が人間の4年間に相当して増えていきます。11歳をすぎたころから中年期に入り、動きがゆっくりになったり寝ている時間が長くなったりと、少しずつ老化がみられます。また**室内だけで暮らす猫は、交通事故や感染症のリスクが少なく、外に出る猫よりも3年近く長生きする**といわれています。

どんなに猫が愛おしくても、飼い主には飼い主のライフスタイルがあります。

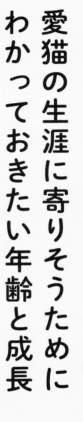

ボクは、あっという間にご主人より年上になるんだニャ〜

猫と人間の年齢の換算表

ライフステージ		猫の年齢	人間の年齢
成長期	子猫	2週間	6カ月
		1カ月	1歳
		6カ月	9歳
少年期	成猫	1歳	17歳
		2歳	24歳
青年期		4歳	32歳
		6歳	40歳
壮年期	シニア猫	8歳	48歳
		10歳	56歳
中年期		12歳	64歳
		14歳	72歳
高齢期	老猫	16歳	80歳
		18歳	88歳
		20歳	96歳

仕事や買い物、友人や家族と会うために外出すれば、猫は留守番をしなくてはなりません。仕事や家事など、猫にかまってあげることができない時間も、猫のストレスを最小限にする対策を考えておく必要があります。

猫は環境が変わるとストレスを感じるので、長い出張や入院で家をあけることになった場合は、家族や友人に滞在してもらうことをおすすめします。ペットホテルに預けるという方法もありますが、それなりに料金がかかります。

毎日の仕事や買い物で家をあけるさいにも、猫がさみしくないよう、退屈をしないような対策を考えておきましょう。まずは、そんな猫と生涯寄りそう、覚悟をもちましょう。

生活費はもっとも重要 1年間で最低でも5万円程度

◆エサとトイレの砂で1カ月に3000円

猫を1匹飼うとなると、毎月どのくらいの費用がかかるのでしょうか。そろえたいものはいろいろありますが、最低限必要なものは、エサと水、そしてトイレに関連したアイテムになるでしょう。

キャットフードにはさまざまな種類があり、大きく分けるとドライ、ソフトモイスト（半生）、缶詰の3種類となります。このなかから猫の好みや予算によって選びます。どんな種類を選ぶかによって、費用に差が出てくるでしょう。

その前にまず、猫が1日に食べるエサの量はどれくらいでしょうか。キャットフードのメーカーにより異なりますが、平均的なもので割り出してみると、成猫の場合はドライなら1日あたり50〜60g、ソフトモイストなら約100g、缶詰なら250〜300

ご主人のベッドを使うから、ボク用の寝具は必要ないニャ！

猫の生活にかかる費用のめやす

g程度になります。これを1カ月あたりの費用に換算すると、ドライが2000～3000円、ソフトモイストが3000～4000円、缶詰では5000～7000円が必要になってきます。

次にトイレに敷く砂です。種類によって多少の差はありますが、1カ月あたり1袋（5～10kg）使用したとして、1000～2000円程度です。

つまり**エサとトイレの砂だけで、1カ月に3000円から1万円かかる**計算になります。

このほか、シャンプーやつめとぎ板などの消耗品、首輪やおもちゃなどの猫グッズ代、予防接種や病気のさいの治療費がかかることを考えれば、年間で最低でも5万円程度の費用が必要なのです。

からだの部位やしくみがわかると猫ともっと仲良くなれる

◆部位ごとの特徴

猫はもともと、穀物を荒らすネズミの駆除を目的に家畜化されていたといわれています。ジャンプ力や瞬発力など、ハンティングの能力を備えています。からだじゅうが筋肉で覆われているため、傾斜のある屋根の上でも平気で昼寝をします。

猫と暮らすなら、猫のからだのしくみについて、最低限のことは知っておきたいもの。ここでは、そんな猫のからだを部位ごとに紹介していきます。

〈耳〉

人間の耳が1～2万ヘルツの音を聞きわけるのに対し、猫は5～6万ヘルツの音まで聞きわけることができます。とくに高い音に敏感で、高周波の超音波やネズミや虫の足音にもすばやく反応します。また耳をクルリと動かすことで、後方の物音を聞きとるこ

猫のからだの各名称

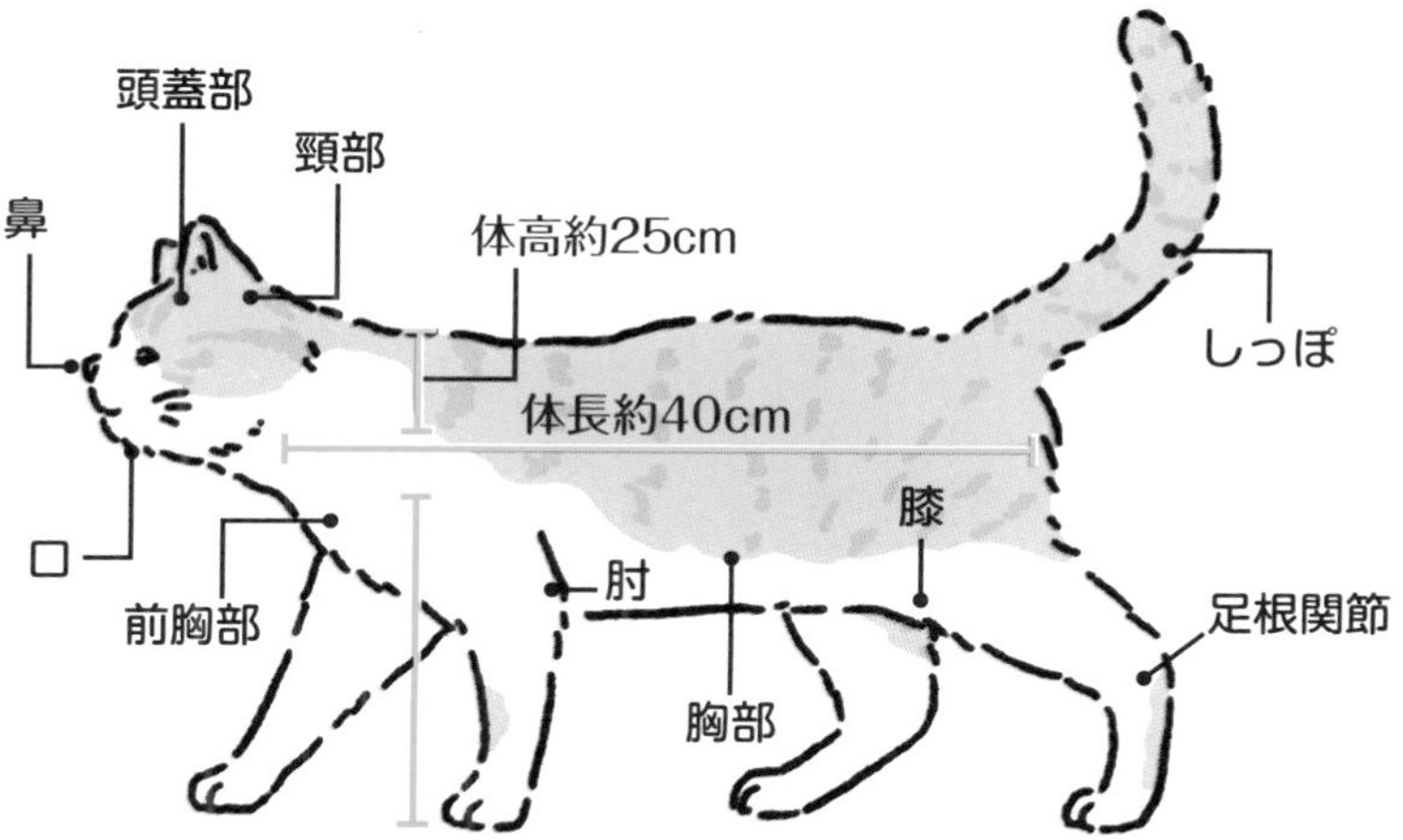
頭蓋部
頸部
鼻
体高約25cm
しっぽ
体長約40cm
口
前胸部
膝
肘
足根関節
胸部

ボクは小さな虫の動きを音でキャッチするニャ！

も可能。飼い主が帰ると猫が玄関で待っているのは、足音を遠くからキャッチできるからです。そして、大きい音などは猫には人間以上にうるさく聞こえており、ストレスにつながります。

〈目〉

猫は動体視力に優れていますが、実際の視力は人間の10分の1程度といわれています。天井の一点をじっと見つめているので、そこをよく見たら、小さな虫が動いていたという経験がある飼い主も多いようです。これは音などで反応しているといわれています。猫は暗闇でも活動することができます。

〈鼻〉

猫は人間よりも、はるかに優れた嗅覚をもっています。これは臭いによってテリトリーを認識するためで、ほかの動物などの臭いをすばやく嗅ぎわけることができます。猫どうしが鼻と鼻をつけるのは、臭いとフェロモンの粒を自分の鼻につけ、相手の情報を得ているためです。

〈ひげ〉

猫のひげは、口まわりだけでなく、顔全体を取り囲むように、目の上やあごにも生えています。からだを覆っている毛よりも、真皮に深く入っており、すばやく脳に感覚を伝えることができるのです。猫が細い塀の上を上手に歩いたり、狭い穴をくぐったりできるのは、これらがセンサーの役割をしているからです。

また、ひげで対象物の動きを察知し、獲物をとらえることも可能です。猫のひげを切ってしまうようなことは、絶対にやめましょう。

〈舌〉

猫の舌は、全体がトゲ状でザラザラしており、エサを引っかけて落とさないようにしたり、魚の骨を取ったり、裏側ですくい上げるようにして水を飲むことができます。また、グルーミングのときは、舌がブラシの役目も果たしています。

〈歯〉

猫には、上下合わせて30本の歯のほか、肉食獣特有のキバ（犬歯）が上下2本ずつあります。かなり鋭いので甘噛みでも痛く感じることがあるかもしれません。ただ猫の奥歯は、噛み砕く能力にかけるため、ほとんど丸飲みしているような状態です。

〈つめ〉

猫は、木に登るときや獲物を捕まえるとき、瞬時に、ふだんは隠しているつめを出します。つめを隠すのは、忍び足で獲物に近づくとき、自然に身についた知恵だといわれています。猫がつめをとぐのは、何かあったときに備えて形を整えているから。また、あちこちでとごうとするのは、傷つけることで自分のテリトリーであることを主張しているからなのです。

〈肉球〉

足の裏にある肉球は、前足に7つ、後ろ足に5つあり、厚い皮膚で覆われています。たくさんの神経が通っていて、熱さや冷たさだけでなく、濡れている、乾いているなどを感じることができます。また肉球には、音を立てずに獲物に近づく、足場が悪いところでも滑らない、さらに足を保護する役目もあります。

〈しっぽ〉

尾椎《びつい》という小さな骨の連なりでできた猫のしっぽは、高くて狭いところを歩くさいにバランスをとったり、高いところからジャンプするときにも役立っています。また、機嫌がいいときはしっぽをピンと立てるなど、感情表現をする役目もあります。

肉球は、歩くときにクッションの役目もしてくれるニャ

猫の習性を知ることでおたがいに快適な暮らしを

◆猫の日課はパトロール

猫には外猫・家猫でも変わることのない猫特有の習性があります。愛猫にとって居心地のよい環境をつくってあげるには、そんな猫の習性を知ることが大切です。

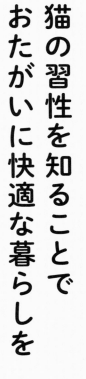

狩猟動物だった猫は、強いなわばり意識をもっています。それは、室内飼いの猫にとっても同じこと。家だけで飼われている猫であれば、狩りのためのハンティングエリアは、その家の中、もしくは部屋の中であったりします。また外にも出る猫にとっては、ふだんいる場所から半径数百メートルの範囲が、ハンティングエリアとなります。この場合、近所に住む猫とも共有しあっています。**ふだんは単独行動をしている猫も、夜の集会に参加してコミュニケーションをはかる**ことがあります。

ハンティングエリアが広くても狭くても、猫は自分のなわばりに何か異状はないかなわばりのパトロールは大切な日課ニャ！

猫のパトロール

室内で飼われている猫も、
異状がないか確認します。

と、テリトリーのパトロールを日課としているのです。

室内飼いの猫の場合、鳥や虫などの外敵が侵入しそうな場所を好みます。窓際で日向ぼっこをしているのかと思うと、外の動きをじっと観察したりすることも。猫のパトロールを、愛猫家は「ニャルソック」と呼んでいるようです。

◆「眠る」から「寝子（ねこ）」

よく眠るという意味の「寝子」から名前がついたといわれるほど、猫はよく眠る動物です。

猫によって差はありますが、睡眠時間は平均すると1日14～15時間。子猫はもう少し長くて、20時間近く眠っていることもあります。

ただ、熟睡していることは少なく、睡眠中も耳やひげをピクピク動かし、物音などを敏感に察知しています。これは、狩猟動物だったころの名残りであるといわれています。お腹を出して無防備な体勢で眠る姿を見かけることがありますが、これは安全な場所で、気を許すことができる相手だけに見せる、信頼の証なのです。

◆つめとぎは、なくてはならない行為

猫のつめとぎには、意味があります。

第一に狩猟動物だったころの名残りで、狩りに備えて常につめを尖らせておこうとする習性があるためです。第二にマーキングといって、前足の臭腺から臭いを出し、そこが自分のなわばりであることを主張しているのです。

そして、猫にとってのストレス解消の意味合いもあるので、むやみに禁止させないようにしたいものです。

家具を傷つけないための対策として、生後2～3カ月までにつめとぎ板を用意し、慣れさせ、しつけておくとよいでしょう。

◆猫のリラックススペースを

飼い主が帰宅後、愛猫を探して部屋中を見渡してみたら、ちゃっかり本棚のてっぺん

で眠っていた、なんてことは日常茶飯事。猫には、高いところを好む習性があります。部屋中が見渡せる本棚やタンスの上は、猫にとって、眠りたいときなどに誰にもじゃまされず、ゆっくりすごすことができる場所なのです。市販品を購入しなくても、家具の組み合わせを工夫し、段差のあるスペースをつくってあげてもいいでしょう。スチールの棚などにハンモックを吊るせば、高い所でゆったりとくつろぐことができます。

日光が差し込み、風を感じながら外を眺められる場所を確保してあげるのもおすすめ。ソファやベッドの下、戸棚の隙間など、隠れ家のような狭い場所を好む猫もいます。**人間と同じように、ひとり落ちついてすごせる空間が必要**なのです。

◆猫の上下関係と愛情表現

たとえば猿の世界では、ボスを中心に上下関係が形成され、その関係のもとで集団生活を送っています。対して猫の集団には上下の関係はないとされ、強い猫が集団を統率するリーダーになるということはありません。猫はもともと単独行動を好む動物であり、自分の判断で行動する習性があるため、ほかの猫に従うようなことはありません。

猫には顔にもからだにも、臭いを出す臭腺《しゅうせん》があります。お気に入りのキャットタワーやソファー、そして飼い主にもすり寄ってきて自分のからだをこすりつけるのは、「これは自分のもの」と主張する猫のマーキングであり、愛情表現でもあるのです。

落ちつける場所は、猫によってちがうんだニャ

猫の気持ちを理解して、上手なコミュニケーションを！

◆まずは細かな観察から

猫と仲良く暮らしていくには、猫の気持ちを知ってあげて、上手にコミュニケーションをはかっていきたいものです。

猫は全身を使って感情表現をします。猫のしぐさから気持ちを読み取れるようになればコミュニケーションが円滑になり、飼い主への信頼度もアップします。

猫の感情表現は犬に比べるとかなり地味です。目、耳、ひげ、しっぽをよく観察しましょう。

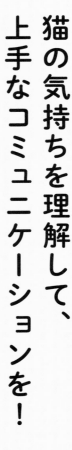

明るい場所と暗い場所で、目の瞳孔の大小がはっきり変化します。視力はあまりよくないため、じっと何かを見つめたりすることが多くあります。

犬とちがって、猫は突然捨てられてしまっても生きることができるほど野生味にあふ

信頼を表す猫のポーズ

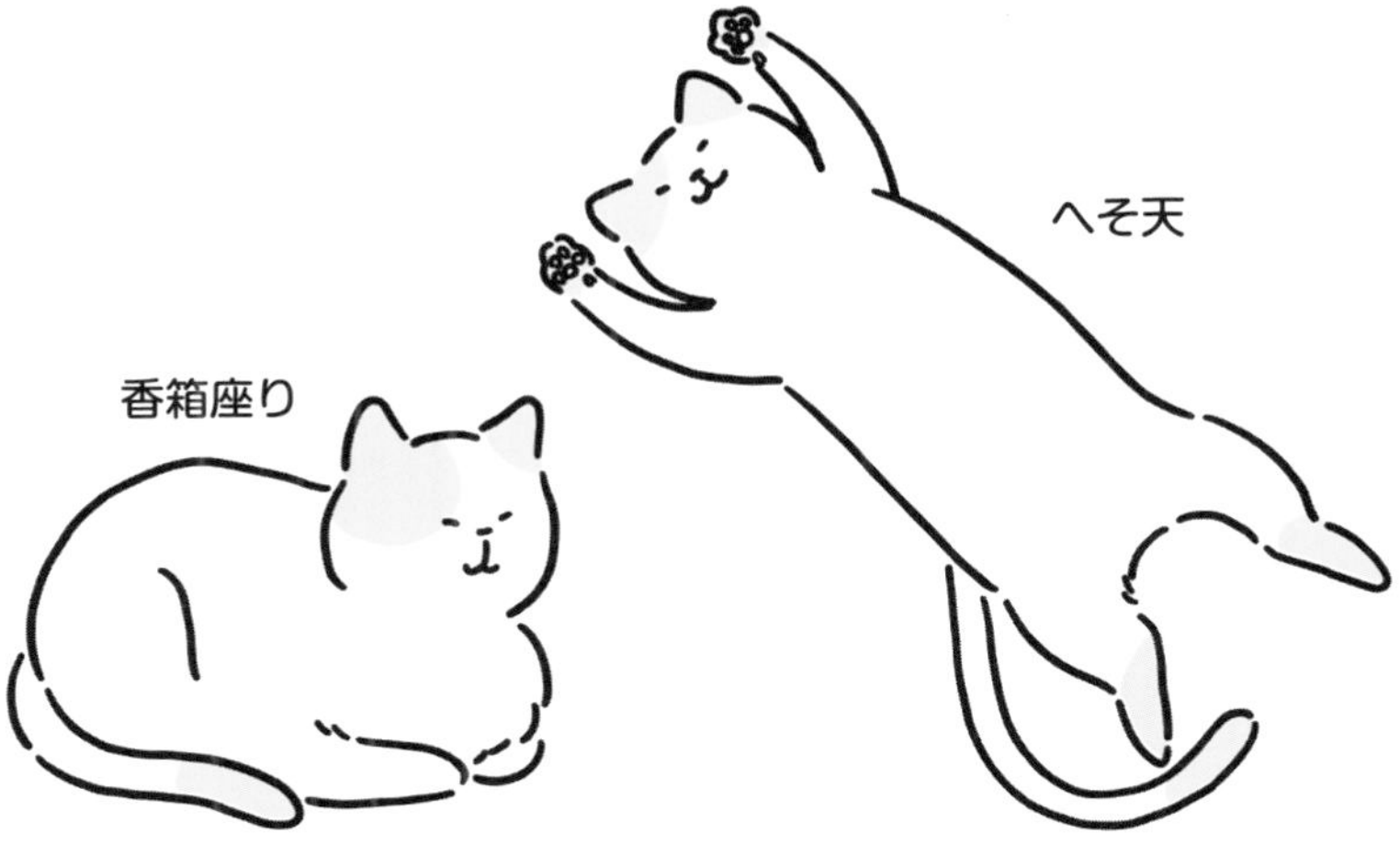

れており、ふだんから外を観察し、高所へ登ったり、つめとぎなどを行ったりします。家中に顔を擦りつける行動も、テリトリーを意識したものになります。

警戒心が強く、大きい音を嫌ったり、人間には聞こえない程度の音に反応することもあります。

そんな**警戒心の強い猫も、信頼を表す体勢をとることがあります**。目の前でゴロンと仰向けになり、猫の急所にあたるお腹を丸出しにして寝そべる（へそ天）のは、気を許した相手の前だけでする信頼の証です。

香箱座りという特有の座り方も、瞬時に行動を起こせないことから、安心の表れだとされています。

覚悟と責任、愛情をもって猫と向き合おう

◆ただエサを与えるだけではダメ

コロナ禍による在宅勤務などで家にいる時間が増え、猫や犬などのペットを飼う人が増えました。ところが「在宅勤務が減って世話ができない」「思ったよりそうじが大変」「旅行に行けない」などの事情で手放す飼い主がいることも事実です。ただかわいいから、癒されそうだからという理由だけで、ペットを飼うことにした結果です。

散歩がいらないとはいえ、毎日エサを与えているだけで勝手に成長してくれるというわけにはいきません。仕事中に、遊んでほしいとすり寄ってくることもあります。猫もときには病気になります。また、あなたが入院や出張で長期間、家をあけることになったとき、代わりに面倒を見てもらえる人はいますか？

猫を迎え入れるということは、家族になるということ、つまりひとつの命を預かるこ

長いお付き合いになるから、よろしくニャ！

自分の将来とも合わせて考える

とになります。責任をもって猫と向き合うことができるのか、まずはしっかり自問自答してみましょう。

◆ずっと一緒にいられる？

ここまで、猫との暮らしについてさまざまな面から考えてきました。

最後にあらためて考えてほしいのは、飼い主のあなたのライフスタイルも、5年後、10年後には大きく変わってくるということです。転職や結婚、引っ越しなど、さまざまな転機がやってくるでしょう。**飼い主が変わることは、猫にとって大きなストレスになります。**

どんな転機が訪れたとしても、手放すことなく生涯面倒をみてあげる覚悟が必要です。

もっと知りたい猫のこと ①

ペット猫の歴史

猫と人間の関わりの起源は諸説ありますが、約9500年前、中東付近でのリビアヤマネコの家畜化がはじまりだとされています。

日本では、弥生時代から猫が存在していたという説が有力視されています。当時は大切な穀物をネズミから守る役割を果たしていました。

愛玩動物として飼われるようになったのは平安時代からですが、数も少なく限られた高貴な身分の人のみに許されていたようです。とっても猫好きな天皇が、飼い猫に階位を与えることもありました。『枕草子』では、猫に乳母として女官がつけられたとも記録されています。

庶民のあいだで猫がペットとして飼われるようになったのは明治時代と、比較的最近になってからです。

パート2

猫との暮らし

スタート編

猫と出会う方法はたくさんある

◆純血種を飼うなら、ペットショップかブリーダーから

純血種を飼いたい場合、ペットショップはもっとも身近な入手ルートでしょう。よいペットショップの見分け方として、まずは店内の衛生管理が徹底されているかどうかをチェックしたいもの。入ったとたん、フンや尿の臭いが充満していたり、掃除がいき届いていていない店は避けたほうが無難です。

また、**猫たちのケージ内のトイレが汚れていないか、飲み水が濁っていないか**なども重要なチェックポイントです。

生まれたての子猫を展示している店は要注意。生後間もない犬や猫の展示・販売は動物愛護管理法で禁止されています。悪質な店から購入すると、猫に重い病気や情緒不安定などの問題が見つかることも少なくありません。

ブリーダーさんとご主人は、仲よくしてほしいニャ

コンディションのいい猫の特徴

耳
キズがない
ダニがいない
口
口の中がピンク色
よだれが垂れていない
目
輝きがあって
目ヤニや充血が
ない
鼻
適度に
濡れている

「これは」という猫が見つかったら、コンディションチェックは十分に行いましょう。動作に元気がなかったり、人を見ておびえるような場合は、健康管理などに問題があるのかもしれません。

血統書つきのブランド猫にこだわるなら、ブリーダー（繁殖業者）から購入してもよいでしょう。

ブリーダー探しのポイントは、**動物取扱業者登録**（犬猫の販売等を業とする者が義務づけられている登録）**をしているかどうか**です。

まずは見学させてもらい、飼育環境に問題はないか、親猫や兄弟猫の健康状態はよいかなどをチェックします。

ブリーダーとのあいだに信頼関係が生まれれば、飼育する上でのよい相談相手

になってくれるはずです。

◆猫をもらい受ける

ブランドにこだわらないのなら、知人から譲り受けるのもよいでしょう。母猫が何匹か子猫を出産して、きょうだいのなかの1匹を譲り受けるメリットは、母猫の性格を受け継ぐ子猫も多いため、育てるときに母猫の経験が役に立つということ。

時期的には、母乳もトイレのしつけもすんだ、生後2カ月くらいの子猫がベストです。この場合、使用していたトイレの砂を、少しもらってくることをおすすめします。

猫の里親になりたい場合、自分の住む自治体が管理している動物保護センターや、動物管理事務所などに問い合わせてみるとよいでしょう。これらの施設では、毎日多くの捨て猫たちが殺処分を受けており、そのうちの約9割を子猫が占めています。ただし、里親になるためには、それぞれの保護団体が設定している飼い主の条件をクリアする必要があります。

ほかにも動物病院やペットショップで「里親募集」の貼り紙を探したり、インターネットやペット雑誌から探すこともできます。最近は、実際に猫とふれあってから決めることができる保護猫カフェもありますので、利用するとよいでしょう。

どんなご主人が、ボクを飼ってくれるんニャ〜

拾ってしまったらまずは病院へ

野良猫を飼う

偶然拾った猫を飼うというパターンもありえます。ただ、野良猫はさまざまな病気をもっている可能性があるので、動物病院へ連れていくとよいでしょう。飼い猫の証である首輪などをつけていないか、まず確認しましょう。

生まれて間もない猫を拾った場合、数時間おきに子猫用ミルクを与え、排泄の世話をしてあげましょう。また、自力で体温調節ができないため、あたたかい環境をキープしてあげます。母猫を連想できるような、感触のやわらかい毛布やタオルも必要です。

成猫の場合は警戒心が強いので、なれるまでに時間がかかることがあります。

はじめて飼うなら、生まれたての猫か、成猫か

◆猫を飼いはじめるには生後2～3カ月がベスト

生まれたばかりの猫は、母猫のそばで母乳をもらったり、母猫がなめて刺激することで排泄します。この時期の子猫は、母猫やきょうだいと暮らす環境が必要となります。

それに対し、生後2～3カ月（人間でいえば幼児期）の猫はすでに離乳も完了しています。猫としての本能が芽生えているため、飼いはじめるのならば、この時期の猫がおすすめです。

それまで母猫が行ってくれていた毛づくろいも、少しずつ自分でできるようになります。つめとぎのしつけをするのも、このころがベストです。

はじめて会う相手には警戒心を抱きますが、性格がまだできあがっていないため、飼い主との生活にもなじみやすく、しつけ方しだいでは社会性も身につけさせられます。

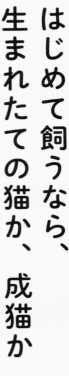

生後2～3カ月の猫がはじめること

仲間といるのも悪くないけど家族ができるって最高ニャ！

猫は、環境が変わることでストレスを感じます。**生後3カ月をすぎた猫は、以前いた環境に慣れすぎているため、新しい環境になじみにくい**といわれます。

そしてテリトリーに対する執着が強く、とくに放し飼いをしていた猫の場合、家出をして、以前住んでいたところに戻る、というケースもあるようです。

成猫から飼いはじめるなら、その猫のエサの好み、食べる量、トイレ用の砂の種類、寝る場所など、以前の環境をできるだけ調べて、再現してあげましょう。

たとえば、トイレやエサ用の容器、ベッドなど猫が毎日使用するものを譲り受けたり、以前住んでいた場所の臭いがついたものを入手すると、新しい飼い主に慣れてくれるでしょう。

見た目以外にも差がある猫の雑種と純血種のちがい

◆「ミックス」は雑種

ペットとしてもっとも多く飼われている猫が、2種類以上の猫種が混ざった「雑種」です。いわゆる野良猫は雑種で、性格の傾向もなかなか予測できないものが多く、個性的な毛柄も多くなっています。

野良猫を拾って飼う場合は、ノミやダニなどの寄生虫の駆除のほか、感染症にかかっていないかのチェックが必要です。まずは動物病院で診てもらい、アドバイスを受けましょう。

また、ペットショップなどで売られている2種類以上の猫種をかけ合わせた猫は「ミックス」と呼ばれていますが、これも分類上は雑種猫になります。

雑種猫の特徴は、さまざまな猫種が混じり合っているので、**品種に特有の遺伝子によ**

野良猫のなかには、捨てられた純血種もいたりするんニャ…

どちらにするか考えよう

る**病気が出にくい**ということがあげられます。からだが強いものが生き残ってきたため、**免疫力も高い**傾向にあります。

ただし、雑種（野良猫）は純血種のように生まれたときから室内飼いを徹底されてきた猫とは異なり、重い病気に感染している可能性もあります。また、警戒心が強く、人間になれるまでに時間がかかることがあります。

対して「純血種」の場合は、**毛柄や毛色、性格の傾向など、品種によってある程度決まっています**。単に見た目だけでなく、それぞれの猫の性格を知ってから、自分の好みにあった猫を選ぶのがよいでしょう。たとえば、活動的で多くの運動量を必要とする猫などは、ひとり暮らしには向かないかもしれません。

飼い主との相性も大切 代表的な猫の性格と特徴

◆模様により性格がちがう傾向あり

猫の種類は100以上だといわれています。ひとり暮らしで飼いやすい猫もいれば、飼うのが難しい猫もいます。個性も千差万別ですが、種類によって多少性格にも差があります。甘えん坊、ツンデレ、賢い、おとなしい、やんちゃなど、それぞれの猫の性格を知った上で、飼い主の住まいの環境に適した猫、また、少しでも飼い主と相性のよい猫を選ぶようにしましょう。

純血種と雑種猫のちがいは、本書の38ページでもふれました。雑種猫の魅力は、1匹1匹の色や柄の入り方が豊富で、同じものが2つとして存在しないことにもあります。

個性的な雑種猫の毛柄は、色や柄によって大まかに数種類に分けられます。

雑種猫でいちばん多い毛柄が、キジトラ、サバトラ、茶トラなどの「**トラ柄**」です。

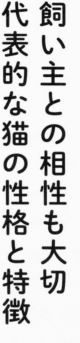

ボクとご主人との相性は、サイコーなんニャ〜！

三毛猫にも種類がある

ほかに白、黒、グレーなど「**単色**（で柄なしの）**猫**」、茶、黒、白の3色の体毛をもつ「**三毛猫**」、黒とオレンジのブチ模様が特徴の「**サビ柄**」、白に黒などの縞模様が入った「**シマ柄**」があります。

　これらの日本猫は、ペットショップやブリーダーではほとんど取り扱っていません。雑種猫のなかで人気が高いのは、猫のご先祖様であるリビアヤマネコにいちばん近い縞模様をもつキジトラ、黒と白のバイカラー、茶トラ、黒猫などです。

　キジトラは野生的な面も見られ、黒と白のバイカラーは人なつっこい、オス猫の多い茶トラは活発で友好的、黒猫は穏やかでフレンドリーな傾向があり、飼いやすさの点からも人気が高くなっているようです。

◆純血種のメリット、デメリットと性格

長ければ20年近く、ともに暮らすことになる猫です。純血種を飼いたい場合、それぞれの猫の特徴を知ってから、自分にふさわしい猫を選びましょう。

気品あるたたずまいや艶《つや》やかな毛並みが魅力の純血種は、血統を守るために計画的に交配を重ね、公式の血統登録団体に認められた品種です。代々受け継がれてきた血統ですので、品種ごとにある程度は猫の特徴やくせ、性格などがわかっています。飼い主のライフスタイルに合わせて選ぶことができるのが、純血種のメリットともいえるでしょう。

ただし、**種の特徴を維持するための近親交配などが理由で、猫種によっては先天的な遺伝性疾患をもって生まれてくることもあり、注意が必要**。できれば、猫の遺伝に関する知識のあるブリーダーさんから譲り受けるほうが安心だといえます。

骨太で活発なアメリカンショートヘアは人なつっこいですが、パワフルなので狭い空間では飼いにくい猫です。好奇心旺盛で活発なアビシニアンは、運動神経が抜群。古代エジプトの壁画などに、この猫に似た猫が登場することから、古いルーツをもつ品種といわれます。ヒョウのような風貌のオシキャットは、意外にも飼い猫に適したおだやかな性格の持ち主です。

垂れた耳が特徴のスコティッシュフォールドは、茶目っ気があり、おっとりとした性

見た目や性格は、みんなちがうよ！　自分に合った猫を選んでニャ～

代表的な純血種

格。イギリス発祥のペルシャは、低めの鼻と丸い目が愛らしく、世界中で人気があります。

かつてはタイの王朝で飼われていたシャムは、洗練されたボディラインとアーモンドの形をしたブルーの瞳が特徴。賢くて感受性が強いので、飼い主との相性が重要になります。

筋肉質で大柄なラガマフィンや、三毛猫がアメリカで改良されたジャパニーズボブテイルは、飼い猫にふさわしい温和な性格です。

高貴な印象のロシアンブルーは、内気でおとなしい性格。ペルシャとシャムの交配種であるヒマラヤンは、温和な性格と動きの機敏さを持ち合わせています。

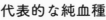

オス猫かメス猫か、短毛種か長毛種か性別や毛の長さで飼いやすさは変わる

◆オスは甘えん坊、メスはクール

猫の性別のちがいによる性格の差ですが、どちらかというとオス猫は活発で甘えん坊、メス猫は温厚でおとなしく、クールな面があるようです。

オスもメスも、生後6～7カ月で最初の発情期を迎えます。メスは日照時間が長くなると発情するといわれていますが、室内飼いの猫は、人工の照明を1日に12時間以上つけていると、季節に関係なく発情します。

メスが発情すると、オス猫に求愛する意味で「**発情鳴き**」をくり返します。聞いたことのないような大きな声で鳴き続け、寝転んでクネクネする、腰を高く持ち上げ、足踏みをする、トイレ以外の場所でも排尿する、などの行動に出ます。

一方、オス猫はメス猫の鳴き声などを聞いて発情すると、メス猫にみずからのなわば

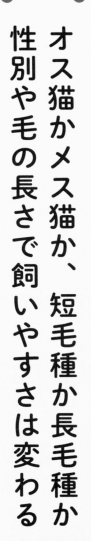

避妊・去勢手術をしないとこんなことに……

りを誇示しようと、ソファやカーペットなどどこにでもおしっこをします。これがオス猫の「**スプレー行為**」です。

発情期の問題行動を防ぎ、猫の性的欲求行動によるストレスを取り除くには、避妊・去勢手術を行うことがいちばんの解決策です。

一般的に短毛種はヤンチャで活発、長毛種は温和でおっとりしているといわれています。問題は長毛種の場合、毎日ブラッシングが必要なこと。放置すると毛の一部がからんだり、毛玉ができてしまうことがあり、シャンプーも週に一度は必要です。

それにひきかえ、短毛種は自分でグルーミングすれば、シャンプーやブラッシングの回数も少なくてすみます。

ご主人には悪いけど、シャンプーはきらいだニャ〜

ペットOKの部屋探しは費用の割増し覚悟で

◆まだまだ少ないペット可物件

いま住んでいる物件がペット不可なら、新たに物件を探す必要があります。不動産情報サイトを調べてみると、2022年現在の東京23区の「1ルーム、1K」のうち、「ペット相談可」の物件は、全体の14～19％と、ひとり暮らしでペットを飼える部屋はそれほど多くありません。「1DK、1LDK」になると25～30％とやや増えますが、部屋が広くなれば、家賃も高くなります。

猫はつめとぎなどで部屋を傷つけることが多いため、小型犬と比べると飼えない物件が多く、「ペット可」の物件でも、猫の飼育だけは認められないケースがあります。飼えるかどうかは、必ず確認しましょう。

なお、ペット可でない物件でこっそり猫を飼っている人もいますが、契約解除のリス

東京23区のペット相談可物件の割合

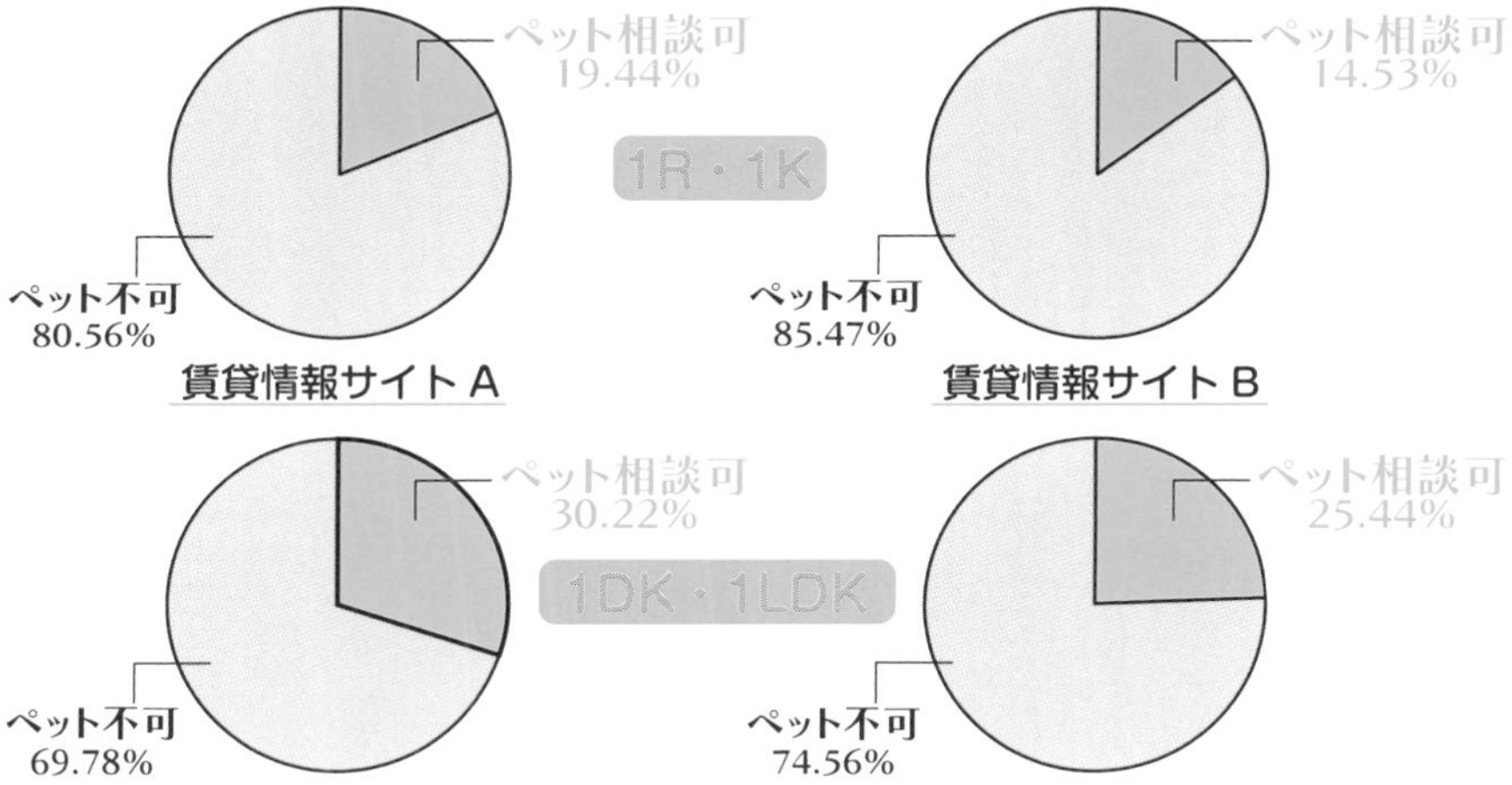
1R・1K
ペット相談可 19.44%
ペット不可 80.56%
賃貸情報サイトA
ペット相談可 14.53%
ペット不可 85.47%
賃貸情報サイトB
1DK・1LDK
ペット相談可 30.22%
ペット不可 69.78%
ペット相談可 25.44%
ペット不可 74.56%

クが高くなったり、ご近所トラブルのもとになったりするので、避けましょう。

ペット可物件の注意点

ペット可物件のよいところは、何といっても、おたがいのペットを通じてほかの入居者と意気投合しやすいことです。

猫を飼っている人どうしなら、鳴き声も許容してくれるでしょう。ただ、猫好きな人が「犬の吠える声がうるさい」と感じることがあるように、犬好きな人は「猫の鳴き声がうるさい」と感じることもあります。**おたがいさまであることを理解しておく**必要があります。

部屋の条件や設備などを考えるときは、愛猫にとって快適かどうかを優先して考えるのがよいでしょう。

◆ペット可物件探しの注意点

ただ、ペット可と書いてあれば、どの物件を選んでもOKというわけではありません。思わぬ落とし穴があることも知った上で、あなたと愛猫がともに快適に暮らせる物件を選びたいもの。以下に、ペット可の部屋を探すときの注意点をあげます。

そもそも人気がないためペット可にした物件もあり、駅から遠い、築年数が古い、賃料が相場より格段に高いなど人間にとって不便なケースが多いことが予想されます。賃貸の場合は「敷金2カ月分積み増し」など、**契約時と退去時の費用が非常に高い物件もある、賃料以外も要チェック**です。

退去時には、壁紙や床、扉など、猫が傷つけたものは全部張りかえになりますので、敷金から差し引かれる金額が多いことも考慮に入れておかなければなりません。少しでも負担を減らしたい場合は、壁が傷つきにくい「コンクリート打ち放し」のデザイナーズ物件などを検討するのもよいでしょう。

そもそもペット可物件は、ペットを飼っている人が多いため、エントランスやエレベーターの汚れや臭いが気になる場合もありますので、見学時にチェックしましょう。

ほかにも、「ペットの種類やサイズ、頭数」など物件ごとに規約が決められていますので、あらかじめ、飼い猫にふさわしい物件かどうかチェックが必要です。

ペット可物件でも、きれいに使わないと退去費用が高くなるニャ

後悔しない猫可物件の例

シリーズ名	物件数	おすすめのポイント
メイクスシリーズ（株式会社メイクスの分譲賃貸シリーズ）	50棟〜	賃料が安めで、駅から近い物件が多く人気
コンフォリアシリーズ（東急賃貸リースの賃貸マンションシリーズ）	130棟〜	洗練され、細部にこだわりのあるデザインが人気
オープンレジデンシアシリーズ（オープンハウスの分譲賃貸シリーズ）	140棟〜	東京を中心にクオリティの高い物件が多く、賃料は高め

不動産会社は、猫を飼える物件をブランド化してシリーズ展開しています。これらの物件は、デザインや品質の水準が高いため人気となっています。とくにメイクスシリーズは、賃料が比較的安く、デザイン性も高いため女性におすすめです。

また高層マンションなどでは、マンション内は抱っこするかキャリーに入れる、ペット連れ専用のエレベーターを利用するなどの制限のあるところも多いようです。

ペット可物件の注意点をふまえ、まずはネットなどで検索をした上で、ペット可物件に強い不動産会社を複数件訪ねるようにします。

以下に、いい営業マンの条件をあげておきます。物件選ぶさいの参考にしてください。

①知識が豊富で、条件や希望に合った物件を紹介してくれる。
②内見も快く対応してくれる。
③物件のデメリットも教えてくれる。
④契約を強要してこない。

猫とのふたり暮らしで、最初に用意するべきもの

◆トイレとエサまわりとつめとぎ板は必須

猫を飼いはじめるとき、最低限必要なものは、以下の５つです。

●トイレ（トイレ用砂）
●エサ
●エサを入れる容器（できれば生用とドライ用の２つ）
●水を入れる容器（給水器）
●つめとぎ板

〈トイレとトイレ用砂〉

猫用のトイレはふつう、すのこ状の上段部分と、受け皿状の下段部分の二重構造になっています。洗ってくり返し使えるタイプの砂の場合、上段に残った砂を再利用して、

飼いはじめる前にそろえたいもの

エサ入れ
水入れ
つめとぎ板
CAT FOOD
エサ
CAT トイレの砂
トイレ
トイレ用の砂

清潔なトイレじゃないと使いたくなくなるニャ〜

下段にたまった尿は洗い流せるようになっています。

また、固まるタイプの砂の場合、フンや尿で固まった部分を、付属のスコップで取り除きます。

排泄物の臭いが気になる人は、防臭フィルターつきのものを選ぶとよいでしょう。ただし、臭いがなくても定期に取りかえるのを忘れずに。

〈エサや水の容器〉

エサや水を入れる容器は、値段や素材もさまざま。プラスチック製のものは、傷がつきやすく、そこにカビが繁殖することがあるので、避けたほうがよいでしょう。猫によってはアレルギー反応を起こすこともあります。

猫の食欲をそそるために、食事を温め

ることもあります。そんなときのために、電子レンジに入れられる陶器やガラス食器がおすすめです。

また飼い主が1泊程度外出するときのために、受け皿にエサがなくなるとタンクから自動的にエサや水が補給される、ペットフィーダーもあります。

〈つめとぎ板〉

猫のストレス発散のためにも必要なのが、つめとぎ板です。ダンボール製のものからカーペット生地を使用したもの、天然の木でつくられたものまであります。マタタビの粉末がついたものも出ており、つめとぎのしつけに便利です。

また、ダンボールや余ったカーペットの切れ端などで手づくりしてもよいでしょう。

◆つめきりは動物病院に頼むのもアリ

飼いはじめてしばらくすると、必要なものが少しずつ増えていきます。

まず、あると便利なのが、猫用キャリー。猫を動物病院に連れて行くときや、人に預けるときに必要になります。使用しないときは折りたためるタイプもあるので、収納スペースが限られている人に向いています。

室内飼いでも、首輪は必需品。迷子になったときも、飼い猫だとわかりますし、首輪の裏に、猫の名前と連絡先も忘れずに書いておきましょう。ノミよけ効果のある首輪もブラッシングをしてもらうと、気持ちいいニャ！

生後6ヵ月くらいの猫に必要なもの

専用シャンプー・リンス
rinse
shampoo
rinse in shampoo
キャリーケース
つめきり
首輪
指が1本か2本入るくらいが適切
ブラシ

めです。

あるので、ノミが気になるときはおすすめです。

また、猫と人間ではつめの構造が異なるため、必ず猫用のつめきりを使いましょう。

つめきりが苦手な飼い主は意外と多く、自分で切るのは怖いという人もいると思います。そんな場合は、動物病院で切ってもらいましょう。

当然ですが、シャンプーとリンスも、猫用のものを使うようにしてください。

そして自分でグルーミングする猫にも、ブラッシングは必要です。毛づくろいのとき抜け毛を飲みこんで、胃や腸にたまってしまうことがあるからです。ブラシは、皮膚を傷つけにくいピンブラシをおすすめします。

まず高い場所と窓際を確保
狭い部屋でもできる工夫を

◆猫と快適に暮らす空間づくり

室内のみで飼う場合、部屋全体が猫にとっての世界になります。狭い部屋でも、工夫次第で、猫が快適に住める空間をつくることができます。

部屋全体を眺めることができる高いところは、猫にとって安全で安心できる場所。本棚やタンスの上などには、われものは置かないようにしましょう。段差のある家具を並べれば、猫の通路にもなります。部屋の入り口にスリムなキャットタワーがあれば、ほかの家具の上へ行くための昇降の役割を果たしながら、上下運動ができます。

外に出れない猫にとって、日向ぼっこをしながら外を眺められる窓際は、格好のストレス発散の場。窓際にベッットを置いたり、踏み台やクッションなどを置いて、特等席を確保してあげましょう。

ご主人の部屋は狭いけど、ボクの好きな場所がいっぱいニャ！

間取りの一例

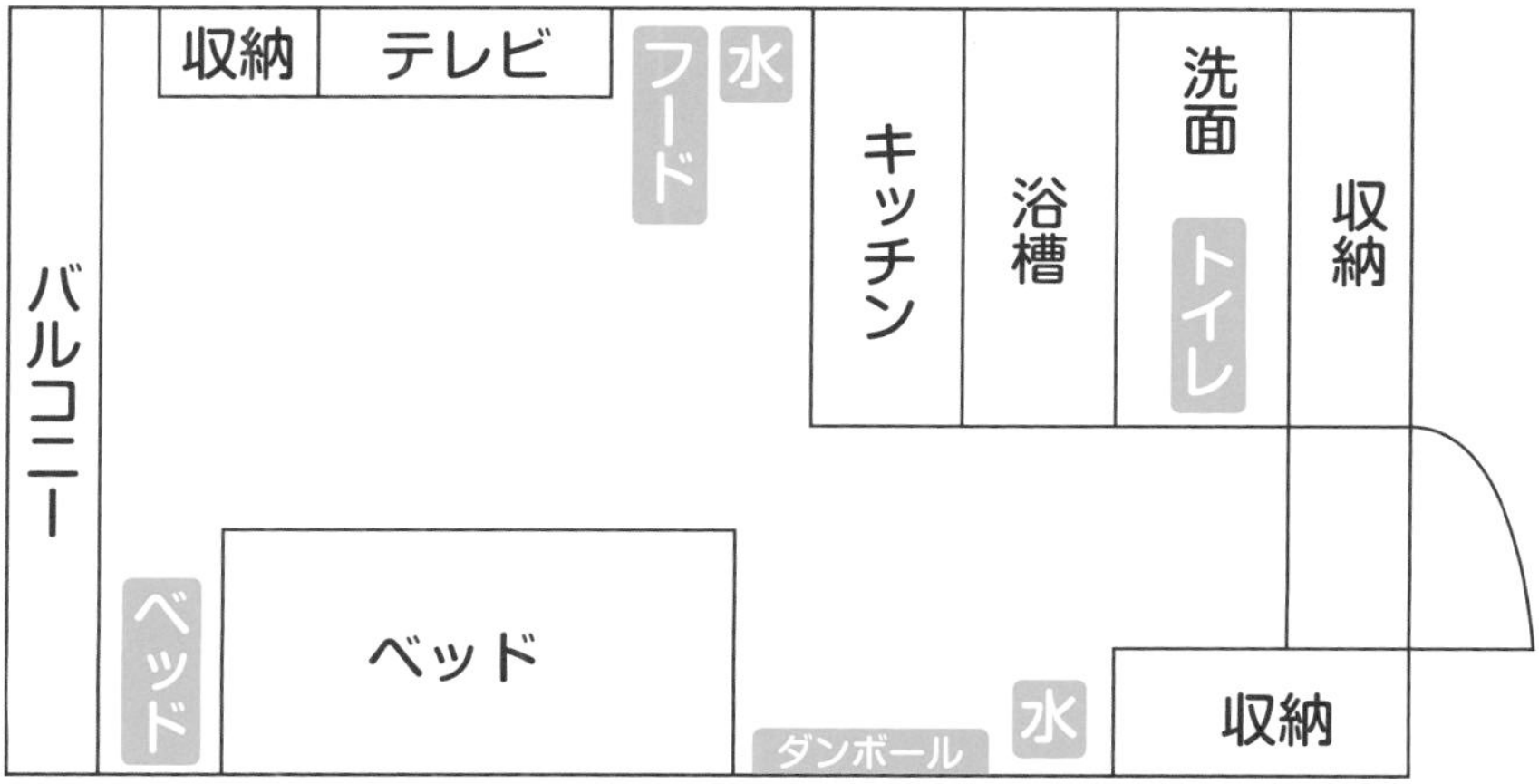
収納
テレビ
水
フード
キッチン
浴槽
洗面
トイレ
収納
バルコニー
ベッド
ベッド
ダンボール
水
収納

注意したいのは、つめとぎの場所です。きちんとしつけて、つめとぎ板以外の壁紙や柱などに傷をつけないようにしたいもの。猫がつめをとぎそうな場所に、ダンボールなどを張りめぐらせるのも、対策のひとつです。

トイレは、猫が自由に行き来でき、落ち着いて利用できそうな場所を選びます。臭いが気になる場合は、近くに換気扇がある場所もおすすめ。猫の混乱を避けるため、**一度決めたトイレの場所は変えない**ことが鉄則です。

また猫は、怒られたときや地震など怖いことがあった場合、本能で隠れようとします。ソファやベッドの下、猫の隠れ場になりそうなところには、物を置かないようにしましょう。

部屋の中には猫にとって危険ポイントがいっぱい！

◆予防できるところはしっかり予防

ふだん何気なく暮らしている自分の部屋にも、猫にとっては思わぬ危険地帯がありま す。とくに好奇心いっぱいの子猫や、部屋にやってきたばかりの猫には、気を配ってあげましょう。

まずはキッチンまわり。揚げ物や炒め物、やかんでお湯を沸かすなど、火を使うときにはもちろん注意が必要ですが、オーブントースターや炊飯器を使うときにも、やけどをさせないようにしたいものです。包丁は、使ったらすぐにしまいましょう。

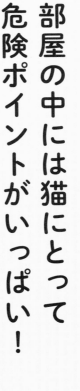

玄関は、猫にとっては外の世界とを結ぶ興味深い場所。ドア前で待機していた猫が飛び出していかないよう、顔が通らない幅の柵かつい立て、ゲートを設置すると安全です。

鳥などに気を取られ、バルコニーから転落してしまう事故もありますので、バルコニご主人の部屋は、ボクも遊べるおもしろそうなものばかりだニャ！

猫のために注意したいこと

感電

ひも状のおもちゃが好きな猫は、電気コード類をおもちゃだと認識してしまうことがあります。ほかにも室内飼育のため、おもちゃがない、遊ぶ時間が少ないと、運動不足になりストレスがたまってしまいコードを噛んでしまうことがります。

複数のコードをまとめてしまえるボックスを用意したり、コード用のカバーを取りつけましょう。

低温やけど

低温やけどとは、体温よりも少し高い温度に身体の同じ部位が長時間接触することで起こります。猫の場合、およそ44℃〜50℃で起こります。

固体に限らず、液体や気体でも同じです。具体的には、ホットカーペット、こたつ、湯たんぽ、ストーブなどに注意が必要です。

38℃程度に設定したり、こまめに切ったりして対策をしましょう。

ーには出さないようにしましょう。さらに、ひも遊びの好きな猫が、ブラインドのひもに首を引っかけないよう、長いひもは上部でくくっておきましょう。

注意したいのは、電気コード類です。コンセントから外れそうになっているコードや露出しているコードがあると、猫はかじろうとします。感電の可能性もありますので、コード類の点検も重要です。

つい見逃してしまうのが、観葉植物や花です。**ポインセチアやクレマチス、スイートピーなどには、猫が口にすると嘔吐や下痢を起こす毒性が含まれて**いるものがあり、部屋に置けません。

ほかにも、浴槽には必ずふたをする、ホットカーペットはつけっぱなし厳禁など、注意が必要です。

いよいよわが家に猫がやってくる！初日にやっておくべきこと

◆気をつかってあげたいトイレとエサ

いよいよ猫を迎える初日、あなたは大きな期待と、不安な気持ちが入り混じった感情でいっぱいになっていることでしょう。はじめて猫を飼う場合はなおさらのこと、その日が来る前に、最低限必要なもの（50ページ参照）をそろえ、心の準備をしておきましょう。

まず、猫を連れてくるとき、キャリーバッグの用意がない場合は、ダンボールにいくつか空気穴をあけ、中にタオルを敷いたものでも代用できます。

部屋の中には砂を入れたトイレを用意しておきます。トイレの砂は、猫が前に飼われていたところで使用していたものと同じ種類の砂を用意し、できれば猫が実際に使った砂を混ぜておくと、猫も安心して利用するようになります。

トイレ・エサ・寝床の工夫

前に飼われていた場所で使っていたトイレの砂を少しもらってきて混ぜましょう。
ベッドはなるべく日当たりのよい静かな場所へ置きましょう。
新鮮な水を用意します。
エサは子猫が食べ慣れているモノを与えましょう。

知っている臭いがすると、安心して眠れるニャ

猫が部屋の隅でしきりに臭いをかいだり、何かを引っかくようなそぶりを見せたら、トイレに行きたい合図かもしれません。そんなときは、トイレに連れていってあげてください。うまくできたら、ほめてあげるとよいでしょう。

エサ用と水用の容器も必要です。新しい環境に慣れるまでは、食欲もあまり出ないかもしれません。前の飼い主さんに、どんなキャットフードを与えていたか、好みをたずねておきましょう。

水は水道水でかまいませんが、常に新鮮な水に取りかえ、いつでも飲めるようにしてあげてください。

猫の寝床は、できるだけ静かな環境を用意しましょう。市販の猫用ベッドでも手づくりのものでもかまいません。ふか

ふかでやわらかい寝床が好きな猫もいますが、中で動きやすいよう、適度な硬さがあるものがおすすめです。ベッドの上に、前の家で使っていたタオルや毛布の切れはしなどがあると、子猫でも安心して眠れます。

◆室内猫の場合も去勢・避妊はしておく

猫を飼う上で忘れてはならないのが、去勢と避妊です。室内だけで飼う猫の場合、「手術は必要ない」「手術は人間の身勝手な都合なのでは」と思う人もいるかもしれませんが、手術をしない猫は、1年に2～3回の発情期を迎えます。

発情したオス猫は、メス猫に存在をアピールするために、あちこちで少量ずつおしっこをします。家具や電化製品におかまいなしにスプレー行為をくり返します。

一方、メス猫の場合は、大きな声で1日中鳴き続けます。あなたも一度は聞いたことがあるでしょう。いつもの鳴き声とちがって、夜も眠れないほどの大音量で1週間ほど鳴き続けるため、ご近所迷惑にもなりかねません。

発情状態のままほうっておくと猫に大変なストレスがかかります。去勢や避妊をすれば、発情期を迎えることもなく、余計なストレスを感じることもなくなります。また、不妊手術をすることで、悪性の乳腺腫瘍をかなりの確率で予防できます。

オスの去勢手術は約10分で終わり、入院の必要もありません。メスの場合は卵巣と子今日からボクは、この人とここに住むのかニャ〜？

初日はそっと見守ってあげる

宮を摘出するため、1〜3日の入院が必要。**手術費用はオス猫で約1〜3万円ほど、メス猫では3〜6万円ほど**かかります。病院によって金額は異なるので、術後のケアを含めて検討しましょう。

◆名前を呼んであげよう

初日前に、割れ物はケースに収め、本棚やタンスの上など猫の動線になる場所にものを置かないなどの配慮をしておきましょう。そして、名前をつけてあげること。部屋の隅に隠れたりしたら、くり返し名前を呼んであげれば、猫は自分の名前を覚えていきます。

出会ってすぐに怒鳴ったり大声を出したりすると、猫は恐怖心を抱きます。優しく声をかけましょう。

猫にストレスを与えないために気をつけたいこと・できること

◆不安や緊張感は動きに表れる

猫は自分のテリトリー外のところに連れていかれると、大きなストレスを感じます。室内飼いの猫であれば、自分の暮らしている部屋から外に出されることを意味します。たとえば動物病院で検査を受けたり、ペットホテルに預けられたり、ふだんの守られている環境を離れることで、飼い主が考えている以上に不安を感じるものです。ただ、人間にはどうしても外出しなければならないことがあります。そんなときは、少しでも猫の精神的苦痛をやわらげてあげましょう。

動物病院で治療を受けるときは、可能な限り入院を避け、通院にしてもらいましょう。出張などで家を空けるときは、猫になれている友人などに家に来てもらうなど、なるべくいまの環境を変えないような配慮をしたいものです。

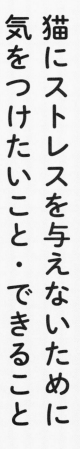

家猫のストレスサイン

隠れて出てこない	粗相をする
怖いときやイヤなことがあるときは、隠れたり高いところに上ったりします。環境に何か変化がなかったか、思い起こしてみましょう。	トイレが汚かったり、別の臭いがついていると決まった場所でトイレをすることができなくなります。掃除の頻度や環境の変化に注意しましょう。
グルーミングをし続ける	**よく鳴く**
グルーミングには体臭を消す効果のほかに気分を落ち着かせたり、気分転換の意味があります。体毛の一部が薄くなるほどグルーミングをしている場合は、緊張やストレスが考えられます。	ゴハンを欲しがったり、ドアを開けてほしい場合など、目的がはっきりしている場合はよいですが、そのほかは要注意。排泄時に鳴いているときは、とくに注意が必要です。

帰宅が遅かったり、外出しがちだったり、来客が多かったりのほか、トイレが汚れていたり、飼い主が自分に無関心だったり、いたずらや失敗をした猫を叱りすぎるのも、大きなストレスの原因となります。

そんなとき、家猫はストレスサインを出すことがあります。

不安があると、隠れ家にとじこもったり、緊張感が長引くとグルーミングをし続けることも。トイレが汚いと、別の場所で粗相をしたり、さみしさや不安感から必要以上に鳴いてみせたりと、猫は想像以上にデリケートな動物なのです。

猫のストレスサインに気づいたら、早めに生活を見直し、猫＝家族とのよりよい関係のために努力しましょう。

ご主人、このごろ帰りが遅いニャー。おたがいストレスをためるのはよくないニャ。

いざというときのための防災対策を万全に

◆人間と同じように避難場所などを考えておく

突然の災害で、ペットを守れるのは飼い主だけです。避難が必要であるかの判断はもちろんのこと、避難所に避難した場合のマナーや、人やほかの動物とも友好的に接することができるようなしつけも必要です。

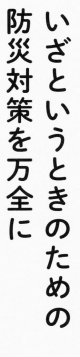

地震や水害などの被害にあったときあわてないように、日ごろからしっかり防災対策を立てておきましょう〈環境省発行「備えよう！いつもいっしょにいたいから2」より抜粋〉。

〈住まいの防災〉

動物は大きな音や揺れに敏感に反応します。まずは住まいを災害に対して強くしておけば、あなたも猫も安全ですし、災害時にパニックになったり、必要以上に猫を怖がらせることもなくなります。日ごろから、以下のような安全対策をおすすめします。

●住まいの耐震強度の確認
●家具の固定、転倒・落下防止
●飼育ケージの固定・転倒防止
●ケージなどペットの避難場所（隠れ場）の確保

〈健康管理としつけ〉

ふだんから、ワクチン接種など健康管理に注意し、動物のからだを清潔に保ち、必要なしつけをしておきましょう。

●予防接種や外部寄生虫の駆除
●ブラッシングで抜け毛をとる
●キャリーバッグやケージに慣らしておく
●「マテ（制止）」や「オイデ（呼び戻し）」や、決められた場所での排泄などのしつけ

〈家族の話し合いやご近所との連携〉

さまざまな場面を想定して、家族やご近所、飼い主仲間と防災について話し合っておきましょう。

●家族間の連絡方法や集合場所
●ペットの避難方法や役割分担

日本人は地震に慣れているそうだけど、ボクは嫌いニャ

●留守中の対処方法と協力体制
●緊急時のペットの預け先の確保
〈所在明示の徹底〉

ペットと離れ離れになったときのため、迷子札とマイクロチップなど、ふだんから身元を示すものを二重でつける対策をとりましょう。
●外から見える迷子札
●外れる心配のない身元証明のマイクロチップ
〈情報収集と避難訓練〉

住んでいる地域の防災計画を確認し、避難場所までの所要時間などを確かめておきましょう。
●避難場所までの経路と所要時間
●危険な場所と迂回路の確認
●ペット同行避難訓練への参加
●動物が苦手な人への配慮
〈人と動物の安全確保と同行避難〉

災害が発生したら、まず自分の身の安全を確保し、落ち着いてから自分とペットの安全を守りましょう。

災害が起こっても、ご主人と離れ離れにはなりたくないニャ

ペットのための備蓄品の例

- □ 療法食、薬（必要なペットには必ず用意）
- □ 5日分以上のフードと水、食器
- □ 予備の首輪、リード（伸びないもの）
- □ 飼い主の連絡先やペットの情報を記録したもの
- □ ペットシーツ、トイレ用品、洗濯ネット（猫の逃げだし防止など）、好きなおもちゃ、においのついたタオル、ブラシ、ガムテープ、新聞紙、ブランケット（ペットのからだを包める大きさ）などもあると便利

●情報を集めて避難場所への移動が必要かを判断

●猫や小型犬はケージやキャリーバッグに入れる

〈避難所と仮設住宅〉

動物が嫌いな人、動物のアレルギーをもつ人、幼い子どもなど、さまざまな人が集まるため、環境の変化によるストレスで猫も体調を崩しやすくなります。

●ふだん以上に周りの人へ配慮する

●世話やフード確保など飼い主の責任のもとで行う

●飼い主どうしが協力して助け合う

●支援物資や情報を共有する

●獣医師やボランティアによる支援を活用する

●ペットの体調に気を配る

入院から手術までを手広くカバーするペット保険への加入がおすすめ

◆月々数千円で安心を買う

ペット保険とは、ペットの病気ケガの治療をするとき、かかった費用の5～10割を保険金として補償してくれるものです。日本では2022年現在、ペットを飼っている人の約9割が加入していないのが現状です。

ペット保険に加入するかしないか迷っている場合、ペットが万が一のとき、ペットに使えるお金があるかどうかがおもな判断基準になります。なお、もし高額な治療費を出すことができても、他人にケガをさせた賠償が高額になると、支払えない可能性があります。ペットを守り、安心を買う意味でおすすめします。

次にペット保険で補償されるおもな内容は、**入院代、手術代、通院費用で、去勢・避妊手術費用、健康診断、ワクチン接種、歯の治療**などで、病気やケガの治療でなけれ

ペット保険の例

		損害保険		少額短期保険
保険タイプ		Aタイプ	Bタイプ	Cタイプ
通院	支払い限度額	日額14,000円	日額12,000円	保険支払限度額まで
	限度日数	20日	22日	制限なし
入院	支払い限度額	日額14,000円	日額30,000円	保険支払限度額まで
	限度日数	20日	22日	制限なし
手術	支払い限度額	1回14,000円	1回15,000円	保険支払限度額まで
	限度回数	2回	2回	制限なし
年あたりの保険金支払い限度額		840,000円	1,224,000円	700,000円
新規加入年齢		7歳11カ月以下	12歳11カ月以下	生後45日以上7歳以下
月々の保険料(例)	犬(1歳)	3,110円	2,850円	2,360円
	猫(1歳)	3,170円	2,830円	2,170円

猫が保険に入れるのは、8歳くらいまでなんだニャ

ば、保険の対象になりません。

また、ペット賠償責任特約を付帯させることで、ペットが他人を傷つけた場合や他人のものを壊した場合に、補償が受けられます。

猫の年間治療費は、平成29年度の飼育実態調査によると、年間1～3万円前後と答えた人が32・7%と、いちばん多いという結果でした。

しかし、猫が高齢になるにつれて治療費は高くなる傾向にあります。病気の種類にもよりますが、年間8万円近い治療費がかかる場合もあります。手術や長期の入院で治療費が高額になる場合でも、保険に入っていれば、ある程度カバーできます。ただ、猫の健康状態によっては、加入できない場合もあります。

もっと知りたい猫のこと②

猫の知能

確かな根拠はありませんが、猫の知能は人間の2～3歳くらいに相当するのではないかといわれています。猫は犬と比べると訓練が困難で非合理的な行動が多いため、知能に対する研究はあまり行われていないようです。

しかし、猫は狩りの場面では優れた知能を発揮します。たとえば、ねらった獲物が隠れても、探すことができたり、獲物を捕まえやすくするため、あえて相手をだます行動に出ることもあります。

猫に言葉を覚えさせるなら、経験と紐づけてみるとよいでしょう。猫はいやな気分のときにかけられた言葉はいやな記憶、うれしいときにかけられるとうれしい言葉として覚えます。とくに、おやつなど興味のあることには高い記憶能力を発揮し、すぐに覚えてしまいます。

パート3
猫との暮らし
実践編

飼い主が猫の健康を左右する食事の基本としつけ

◆食い散らかしは猫の特性

猫はあごと舌の力だけで食べ物を口に運びます。そのため、容器の外にエサがこぼれ落ちたり、床に散らばってしまうのはやむをえないことなのです。食事がしにくい、こぼすと叱られるなどの理由から、食欲がなくなる猫もいます。まずは猫ができるだけ食べやすく、落ち着いて食事を楽しめるよう、工夫してあげましょう。

猫の食べやすさを考えたとき、容器の高さがポイントになります。平らな皿を床に置いた場合、首を曲げすぎるため、うまく飲みこめないこともあります。猫のからだの大きさに合わせ、ある程度高さのあるものを選びます。

また、平らな皿はエサがこぼれやすいため、3～5㎝前後の深さがあると、食べやすくなります。食べこぼし予防のため、そり返し（傾斜）のついた食器もあります。

猫が食事をしやすい容器を準備！

食べやすい容器を用意してくれると、たくさん食べたくなるニャ

猫にとってひげは、大事なセンサーの役目をしています。たとえば、食事のたびにセンサーとなるひげが容器にあたってしまうと、猫はストレスを感じてしまうため、**ひげがあたらない程度の幅のあるもの**がおすすめです。

もうひとつ、容器選びのポイントとして、**滑り止めがついていること**。食事中に容器が動いてしまうことも、猫のストレスになるからです。滑り止めがなくても、容器そのものに重量のあるもの、容器を固定する台がついているものを選んでもよいでしょう。

缶詰のエサなどを与えるとき、食べやすい大きさにしてあげることも大切です。大きすぎて食べにくいと、消化が悪いだけでなく、エサを器の外に出してしまうことがあります。
食べこぼしが多い場合、容器の下にシートなどを敷いておくとよいでしょう。

◆食事のしつけは、最初が肝心

猫の食事のしつけは、飼い主の重要な仕事です。きちんとした食事の習慣は、猫の健康につながるものですから、最初から正しいしつけを心がけましょう。

自分の食事量を自然にコントロールできる猫ですが、ダラダラと与えるのではなく、食事は1日に2回、決まった時間にさせるのが理想的です。また、**猫のエサは、あなたが食事する前に与えるのがベスト**。あなたが先に食事をとろうとすると、お腹を空かせた猫が食べ物を欲しがったり、テーブルにあがろうとするからです。

猫が、魚や肉など人間の食事を欲しがったとしても、なるべく与えないようにしてください。はじめから贅沢な味を知ってしまうと、キャットフードなど本来の食事を口にしなくなってしまうことがあるからです。

そして人間の食べ物は猫にとっては塩分が多すぎて、からだによくないものが多く、そもそも猫が食べてはいけないものもあることを知っておきましょう。

食事の時間になったら決まった量のエサを用意し、猫の名前を呼んで食事の時間であることを知らせてあげます。エサの量は、猫の年齢によって異なります。食べきるから

人間の食べものはおいしそうだけど、食べちゃいけないニャ

体重別・猫に必要な水の量(1日あたり)

猫の体重 (kg)	水分要求量 (mL)	代謝水 (mL)	水分摂取量 (mL)
4.0	238	23.8	約214
4.5	260	26.0	約234
5.0	281	28.1	約253
5.5	302	30.2	約272
6.0	322	32.2	約290
6.5	342	34.2	約308
7.0	361	36.1	約325

猫の体重に応じて、必要な水（水分）の量は変わります。「水分要求量」は、必要な水分の量。「代謝水」は、猫のからだでつくられる水分。つまり、水分要求量から代謝水を引いた量が、「エサや飲み水から得るべき水の量」となります。

「モフマガ」（ペットホームウェブ）をもとに作成

といって、与えすぎは禁物です。

水分不足は命取り

人間も水がないと生きていけませんが、猫の場合、犬やほかの動物以上にたっぷり水分を与えなければなりません。

猫の先祖とされているリビアヤマネコは、古代エジプトにルーツをたどることができます。歴史的にも少ない水分で生きてきた猫の尿は大変濃いため、結石などの病気を起こしやすくなっています。

とくにオス猫の泌尿器は、尿を霧状に噴射し、テリトリーを主張しやすい構造のため、結石ができやすい傾向にあります。病気を予防するためにも、食事のさいには新鮮な水を用意し、しっかり飲ませてあげるようにしましょう。

猫も人間と同じように年相応の食生活を心がける

◆決まった時間に決まった量を

猫も人間と同じく、規則正しい食生活を送ることが大切です。また、猫の健康につながるものですから、栄養バランスにも充分注意しましょう。

食事の回数は生後3～4カ月までは1日3、4回、それ以降は朝夕の2回与えることが基本です。毎日、できる限り同じ時間に食事させると、体内時計の働きで猫もエサの時間を自然に覚えるようになります。あなたのライフサイクルに合わせ、朝起きたときと帰宅したときにエサを与えるなど、自分のなかでルールを決めましょう。

成猫の場合、1日に必要なカロリーは、体重1kgあたり80㎉がめやすです。体重4kgの猫であれば、1日あたり320㎉となります。エサは2回に分けて与えるようにしましょう。

子猫のほうがしっかり食べないといけないニャ

子猫に与えるべきエサの量

ドライタイプのフード（子猫用）1日の給与量めやす(g)			
体重（kg）	離乳～4カ月	4～9カ月	9～12カ月
0.5	40	35	-
1.0	65	55	45
1.5	85	70	55
2.0	100	85	70
3.0	130	110	90
4.0	-	135	105
5.0	-	-	125

ドライタイプのフード（子猫用）1日の給与量めやす(g)	
体重（kg）	給与量めやす(g)
2.0~4.0	30~45
4.0~6.0	45~60
6.0~8.0	60~75

子猫の場合は、骨の成長に必要なミネラル（カルシウム、リン、マグネシウム）が不足しないようにしなければなりません。必要なカロリーは成猫より多くなりますが、生後6~8カ月までは、子猫用のキャットフードを与えるようにします。

3タイプのキャットフード

次にどんな食事を与えるかですが、栄養のバランスを考えながらカロリー計算までできる場合は、手づくりのものでもよいでしょう。

ただ、ひとり暮らしの場合や通勤などで忙しい場合は、市販のキャットフードを与えるのが、手間もかからず栄養面でも安心です。

キャットフードは、大きく分けると**ドライフード、ソフトモイスト、**そして**缶詰**の3種があります。

乾燥させた固形のエサがドライフードで、比較的安価で手間いらずです。ただし、水分が少ないため、必ず一緒に充分な量の水を用意してあげてください。

半生タイプのソフトモイストは、食感もやわらかく、歯が弱くなってしまった老猫などにも適しています。缶詰は、保存がきき、種類も豊富にそろっています。猫の体質や好みに合ったものを選んであげましょう。

なお、**1種類のエサを与え続けると、飽きてしまう猫もいます。**そんな猫には何種類かのエサを常備しておき、定期的に種類を変えて与えるなどの工夫をしましょう。また、なるべく、添加物の少ないものを選びましょう。

◆年齢に応じて与えるものを変えていく

さて、猫の食生活は年齢に応じて変わってきます。

生後3週間までは、ミルクを与えます。人間用の牛乳には、猫には分解できない成分が入っているため、必ず猫用のミルクを与えてください。猫用の哺乳ビンを使って与えますが、うまく飲めない猫には、スポイトで何回かに分けて与えてあげましょう。

4週目からは離乳食の時期になります。市販のキャットフードなら、つくるのが簡単

猫のからだに悪い添加物例

キャットフードには、多くの添加物が使われているものもあります。
以下の添加物が多く含まれる食材は、なるべく避けましょう。

- 合成着色料
- 発色剤（亜硝酸ナトリウム）
- カラメル色素
- タンパク加水分解物
- 加工でんぷん
- 増粘多糖類

出されたものを食べてしまうから、
原材料に気を使ってほしいニャ！

です。ドライフードの場合は、ふやかしてから、缶詰はペースト状にしてから与えましょう。離乳食と猫用ミルクを併用しながら、1日に3〜4回与えるのが理想的です。

食事の回数も多いこの時期に、仕事などで世話ができない場合は、猫のシッターさんに頼むのもひとつの方法です。

生後6〜8カ月になったら成猫用のエサに少しずつ切りかえていきましょう。回数も1日2回となります。

猫が7歳になるころには、エサの量とカロリーを減らすか、老猫用のキャットフードに切りかえるようにしましょう。

また、猫は新鮮な水を好みます。常に新しい水が飲めるように、1日に2〜3回は入れかえてあげてください。

猫が食べなくてもいいものと、食べたら危険なもの

◆猫が食べると危険な食べ物

本来、肉食動物である猫には、野菜を与える必要はありません。野菜の繊維質は、人間にとっては腸の働きを整えてくれるものですが、猫は野菜を消化することができないため、与えても意味がないのです。また健康な猫は、肝臓内でビタミンCを合成することができるので、その意味でも野菜や果物は必要ないといえます。

猫は、あなたが美味しそうに食べているものをほしがることもあるでしょう。でも、ちょっと待ってください。猫が食べると健康を害してしまう、危険な食べ物もあります。**長ネギ**、**タマネギ**、**ニラ**などには、猫の赤血球に対して毒性をもつ成分が含まれているため、赤血球が破壊されて貧血や嘔吐、下痢などを起こし、最悪の場合は命を落とすこともありますので、要注意です。

おいしそうに見えても、ボクが食べたら危険な食べ物があるんだニャ

猫に食べさせてはいけないもの

また、**アワビ**、**サザエ**などの貝類は海藻を主食としていますが、これに含まれる葉緑素の分解成分の働きが、猫に光線過敏症を起こさせます。ひどい場合には、耳の先端が欠け落ちてしまうこともあります。

そして、**チョコレート**の原料であるカカオの成分で、下痢や嘔吐、けいれんを起こしたり、消化の悪いイカを食べると、胃腸障害、**スルメ**で急性胃拡張を起こすこともあります。

ほかにも、のどに刺さる危険のある**鶏肉**や**魚の骨**、猫の嗅覚を麻痺させる塩や香辛料は与えないようにしましょう。

猫が欲しがる食べ物として代表的な**鰹節**も、猫用のものでない限り、与えないようにしましょう。

トイレのしつけは最初が肝心「ほめて伸ばす」方法が有効

◆安心させるための砂選び

猫は大のきれい好きです。そんな猫の性格を利用すれば、トイレのしつけも意外と早くできるものです。

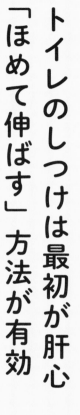

猫を迎え入れる前に、猫用のトイレとトイレに敷く砂を用意しておきましょう。トイレ用の砂には、鉱物性のものからパルプを原料とするものなど、いろいろな種類があります。ひとり暮らしで猫を飼うには、尿をした部分だけが固まるタイプの砂が便利です。固まった部分だけをスコップですくって捨て、減ったぶんを補充していくので、いつでも清潔な状態を保つことができます。

また猫をブリーダーや友人から譲り受けた場合、**以前、使用していたものと同じ種類の砂を選んであげる**と、そこがトイレであることを認識しやすくなります。さらに、以

猫のトイレでの行動

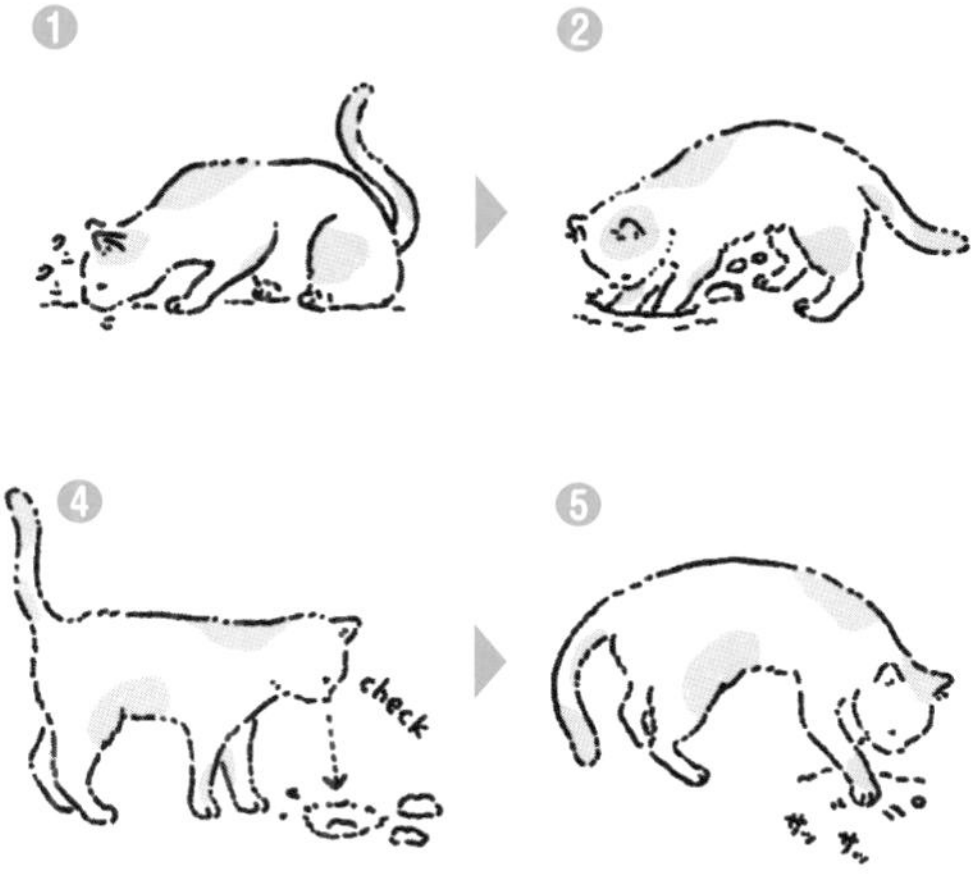

❶トイレに入ると、まず場所の臭いを嗅ぎ、テリトリーの確認をする
❷排泄する場所を掘る
❸排泄する
❹排泄した場所を確認する
❺砂をかける

前使用していた砂をひとにぎり分けてもらい、新しい砂に混ぜておけば、猫は自分の臭いの残ったトイレに安心感を抱き、しつけも楽になります。

それから、**トイレはできるだけ落ち着いて利用できそうな場所に置いてあげる**ことが大切です。臭いがこもらない、冬に寒くならない場所が最適です。そして猫が上手に排泄できたら、ほめてあげましょう。続けていれば1週間程度で、トイレを覚えてくれます。

猫が失敗しても、叱りつけることは逆効果になります。粗相をしたときは優しくたしなめ、きれいに尿を拭き取って、消臭剤で臭いをとるようにします。臭いが残っていると、猫はその場所がトイレだとかんちがいすることがあります。

トイレの場所をまちがえても、終わるまで待ってほしいニャ

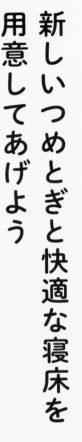

新しいつめとぎと快適な寝床を用意してあげよう

◆つめとぎのしつけは生後2〜3カ月ごろから

猫にとってつめとぎは本能的なもので、ストレス発散のためにも必要な行動です。ただ壁や壁紙、柱などを傷つけられないよう、決まった場所でつめとぎをさせる工夫が必要です。**生後2〜3カ月になったら、つめとぎ用の板を用意**します。板はダンボールやカーペット、天然木、麻縄などを材料にしたものが市販されています。デニム、樹皮など猫のつめがひっかかりやすいものを選んで、手づくりしてもよいでしょう。

猫が壁や床などでつめをとぐような格好をしたら、すかさずつめとぎ板のところに連れていき、両前足をとってつめとぎ板の表面を引っかくように前後に動かしてみます。これをくり返すうちに、猫は自然につめとぎの場所を覚えていきます。引っかかりが悪くなると壁や家具などでつめをとごうとするため、1〜2カ月をめどに、新しい板に変

ボクたちの睡眠時間は、人間の2倍以上。眠りたいニャ〜

寝床づくりは大切

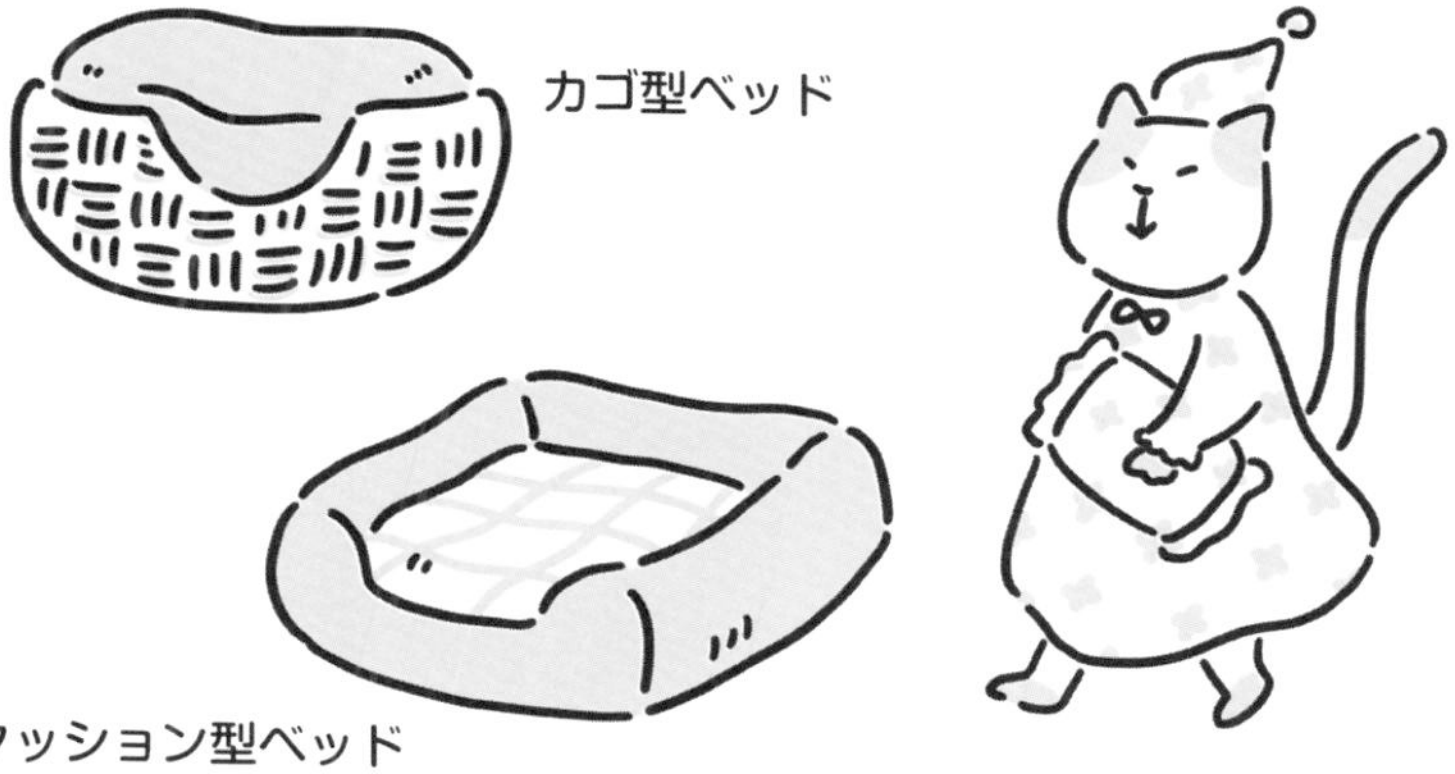

えてあげるようにします。

◆外に出る猫は専用の寝床を

猫はほうっておくと、ソファや飼い主のベッドの上など、自分にとって寝心地のよい場所を見つけます。ただ、生後2〜3カ月の子猫などには、快適に眠れる場所を確保してあげたいものです。

また、**外に出ている猫は、ノミやダニを連れ帰ることがあるので、専用の寝床が必要**になります。

猫のベッドの置き場所は、部屋の隅や壁際が理想的。窓際なら、なるべくすきま風が入らない場所にしましょう。猫を人から譲り受けた場合は、以前使っていた毛布やタオルを敷いてあげると、猫も安心して寝ることができます。

いま、どんな気分？しぐさでわかる猫の気持ち

◆しっぽで伝えたいことを読みとる

素直に自分の気持ちを表そうとする犬とちがって、猫はマイペースで気が向いたときだけ、飼い主とコミュニケーションをとろうとします。このように、猫はわかりにくい動物だといわれていますが、毎日見せるちょっとしたしぐさにも、意味があることが多いのです。猫の出すサインを読み取ることができれば、あなたも猫ももっと仲よく暮らすことができます。

猫のしぐさのなかで、いちばんわかりやすいのがしっぽの動きですが、ときに誤解されてしまうこともあるようです。

①しっぽを床と垂直にピンと立てる

うれしいときや甘えたいときのしぐさ。こんなときは一緒に遊び、かまってあげるよ

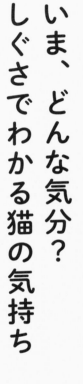

叱られると、気分もしっぽもだら〜んとしてしまうニャ…

猫の気持ちとしっぽの形

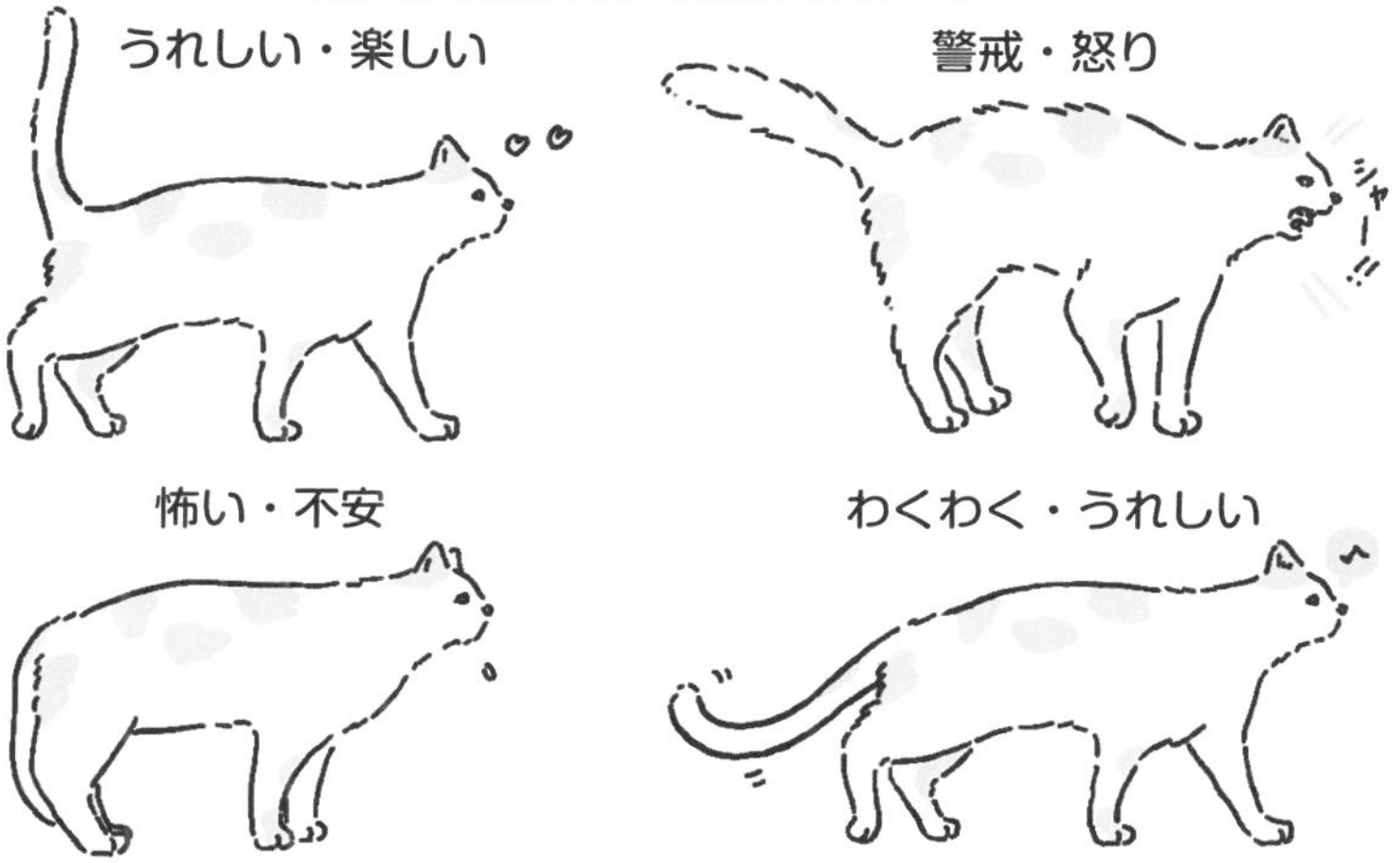
うれしい・楽しい
警戒・怒り
シャー!!
怖い・不安
わくわく・うれしい

うにしましょう。先をやや前向きにしたら、あいさつの表現になります。

②しっぽの毛をボワっと太くする

驚いたり恐怖を感じたときのしぐさです。相手に自分を大きく見せるため、同時に首から背中の毛を逆立てることも。

③しっぽを足のあいだに巻きこむ

恐怖心の表れです。からだもうずくまって小さく見せることで、襲わないでほしいと伝えています。

④しっぽをだらんと下げている

叱られてしょんぼりしていたり、からだの調子が悪く元気のないサインかも。

⑤しっぽを左右にゆっくり振る

「何だろう」と、興味津々で観察している状態です。

⑥立てたしっぽをすばやく左右に振る

しっぽをブンブン左右に振るのは、闘争心の表れです。

⑦バタバタと激しく振る

不機嫌でイライラしている状態です。

◆ヒゲの向きで気分がわかる

猫のヒゲの根元には、神経が集中しています。よく見ると、向きがしばしば変化します。ここでも気分や状態がわかります。

①ヒゲが下向き

猫がリラックスしている状態です。

②ヒゲが弓のように後ろ向き

恐怖心の表れ。ただし食事中も、ヒゲがじゃまにならないよう後ろ向きにします。

③ヒゲがやや上向き

ほめられてうれしいときや、気持ちがいいときこうなります。

④ヒゲが全開になっている

警戒しているとき。あるいは何かに興味をもっているときです。

ボクがどんな気持ちなのか、わかってほしいニャ～

ときどき見られるフミフミ

猫のふしぎな行動の秘密

①前足を折りたたんで香箱座りをする

猫がリラックスしている状態です。

②飼い主にすりすりと頭突きしてくる

あなたにすり寄って、頭をこすりつけてくる行動は、「この人は私のもの！」と主張しているマーキングのひとつです。

③毛布やクッションに前足でフミフミ

子猫のころ、母猫のおっぱいをモミモミして、ミルクの出をよくしていた行動の名残りだといわれています。やわらかいものをフミフミするのは、安心しているときです。

④遊んでいて急に毛づくろいをはじめる

興奮したときなど、あえてその気持ちをまぎらわそうとしている状態です。

何を求めている？鳴き方や鳴き声でわかる猫の感情

◆飼い猫は鳴き声でアピールする

野生の猫は、自分の居場所を敵に察知されないように、むだには鳴きません。猫どうしのコミュニケーションは、からだを使って表現しあうのが一般的です。

飼い猫は、飼い主に要求を伝える手段として鳴いているようです。朝起きたとき、短い声で「ニャッ、ニャッ」と鳴くのは、「おはよう」の表現だといわれています。「ニャーン」と長めに鳴くのは甘えているとき。「ニャオ」「ニャーン」と訴えるように鳴くのは、エサがほしいときや、かまってほしいとアピールしているのです。

また「クククッ」「カカカッ」「ケケケッ」と鳴くのは**クラッキング**といって、猫の狩猟本能が働き、外の鳥や室内の虫に反応しているときで、興奮状態のさいに見られます。

鳴き声ごとの猫の感情

〈うれしい・甘える〉
「にゃーん」
「にゃにゃっ」
「うーん」
「ぐるぐる」

〈イライラ・怒り〉
「しゃー！」
「ふー！」
「うみゃおー」

〈悲しい〉
「にゃ」
「んなー」
「んー」

〈その他〉
発情期
「あわーん」

クラッキング
「カカカッ」

「シャー」「フー」と鳴くのは、威嚇しているときで、からだの毛も逆立ち、表情もけわしくなります。

このように猫は、鳴き声を変えることで、飼い主に自分の意思を伝え、コミュニケーションをとろうとしています。

たまに猫が「ニャー」と鳴いているしぐさをしているのに、声だけが出ないことがあります。これは、「サイレントニャー」と呼ばれ、**人間には聞きとれない周波数で鳴いている**のです。

飼い主に向かってサイレントニャーをするのは、飼い主のことを心から信頼している証だといわれ、甘えられる相手にだけ見せる愛情表現です。

鳴き声で何を求めているのかがわかると、猫との距離はちぢまるでしょう。

ボクも、ご主人にサイレントニャーをすることがあるニャー

定期的にやっておきたい抜け毛とノミ対策

◆とにかく掃除はマメに！

猫を飼いはじめたら、とにかくまめに掃除をしなければなりません。床はもちろん、ベッドやソファ、クッションなど、至るところに猫の毛がついてしまいます。取りこんだばかりの洗濯物を置いていたら、いつの間にか猫の毛だらけになっていた、などということもめずらしくありません。

抜け毛をそのままにしておくと、猫アレルギーの原因になることもありますので、できれば毎日、最低でも週に2~3回は掃除機がけをするようにしてください。

ところで、**多くの猫は掃除機を嫌う**ようです。猫の聴覚は人の4~5倍以上といわれています。掃除機をかけるときの轟音《ごうおん》、そしてヘビのようなホースの形が苦手なのでしょう。もし買いかえるのなら、静音設計でホースのないスティックタイプや、ロボット

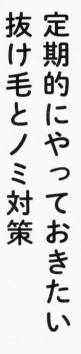

掃除機は怖いけど、ロボット掃除機は気になるニャ〜

大きい音の出る掃除機はさけましょう

掃除機もおすすめです。

ソファやカーペットなどに付着した毛は、掃除機だけでは取りきれないことも。そんなときは粘着力のある布製のガムテープを使いましょう。カーペットやフローリング用に、粘着力のあるシートがついた掃除用具もあります。

抜け毛対策のほかにもう1点、忘れてはならないのがノミ対策。外に出している猫はもちろん、家猫でもノミがつくこともあります。**梅雨時期から夏にかけてのノミの繁殖期は、とくに念入りにすみずみまで掃除機をかけます。**

掃除機の吸い取り口やフィルター部分に、ノミ駆除用スプレーをしておくと安心です。

いちばん楽しいコミュニケーション 猫のおもちゃの選び方

◆猫の本能を満たすおもちゃがベスト

生後6カ月くらいまでの期間は、猫にとってかなり重要な「性格形成期間」です。野生の猫ならきょうだいたちとの遊びやふれあいを通じて社会性を身につけていく時期ですが、親きょうだいと離れて人間と暮らしている猫は、飼い主が一緒に遊んであげる必要があります。

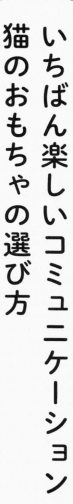

猫にとっておもちゃとは、運動不足とストレスを解消すると同時に、飼い主とのコミュニケーションを深め、社会性などを身につけるための、大事な手段でもあるのです。猫おもちゃを探すときは、「伏せる」「ねらう」「飛びかかる」「噛みつく」といった、猫のもつ狩猟本能を呼び覚ましてあげるものを選ぶとよいでしょう。

猫のおもちゃは大きく分けて、猫じゃらしタイプ、動くタイプ、光るタイプ、ぬいぐ

食事の前に遊ぶのがおすすめ

ボクは猫じゃらしでジャンプして遊ぶのが大好きニャ！

るみタイプ、音の出るタイプがあります。

◆定番の猫じゃらし

猫のおもちゃの定番であり、多くの猫を夢中にさせるのが**猫じゃらし**です。猫のしっぽやトンボ、鳥などをかたどったものや、羽、鈴などが竿の先についており、この竿を手に持って動かします。

猫は本能的に動くものに興味を持ちますので、竿の先の獲物を捕まえようと、じゃれたり伏せたり、飛びかかったりします。どうしても猫が噛みつくので壊れやすいため、交換パーツのついているものは便利です。

◆動くおもちゃ

シンプルですが、動くタイプのおもち

ャの代表である**ボール**も、猫はとても喜びます。飼い主が投げると、犬のように口にくわえて戻ってくる猫もいます。猫が自分の手で転がし、追いかけてひとり遊びすることもできます。

ただし、誤飲の心配があるので、猫が飲みこめない大きさを選びましょう。決まったレール内でボールを転がす**サーキットタイプ**のものもあります。

動くおもちゃのなかで、自動で動く**電動タイプ**のおもちゃは、不規則に動くため猫の狩猟本能を刺激し、飼い主が一緒でなくても、猫ひとりで長時間遊べます。

また猫の目にも安全な**LEDを使った、光るタイプ**のおもちゃも人気です。ペンライトのようなものから出る光線を、猫が追いかけて遊ぶおもちゃで、点のほかに星やチョウ、ネズミなどの模様が表れたりして猫を飽きさせません。飼い主も椅子に座ったまま操作できますので、疲れることがありません。

ぬいぐるみタイプのおもちゃでおすすめなのは、**けりぐるみ**です。エビや魚などが猫がキックするのにちょうどいい細長い形になっており、またたびが入ったものも多いので、猫の興味をひきやすく、長時間遊んでくれそうです。

最近は、猫がリラックスできるヒーリングミュージックとして科学的に効果が検証された「猫専用音楽」の**CDブックやCD**も発売しています。猫がひとりで留守番するときや、ゆっくり眠りにつきたいときに聴かせると、リラックス効果があるといわれてい

ご主人とおもちゃで遊ぶのは最高だニャ

けりぐるみは年齢問わず遊べる

ますので、試してみる価値はあるかもしれません。

猫のおもちゃは年齢や成長に応じて選びます。好奇心旺盛な子猫には、猫じゃらしやボールで走り回らせたり、生えはじめた乳歯がかゆい時期に、けりぐるみをガシガシ噛ませるのがいいでしょう。

成猫になると、シンプルすぎるおもちゃにはすぐに飽きてしまいます。猫じゃらしでもリボンがついていたり、ジャラジャラと音が鳴るものにしたり、ボール遊びなら、サーキットタイプのほうが興味を示すかもしれません。

体力が衰えてきた老猫は、激しい運動によりケガをするリスクがあります。動き回るタイプのおもちゃより、けりぐるみなどを与えてあげると喜びます。

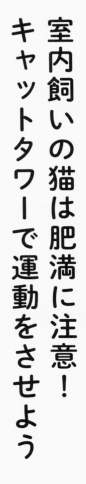

室内飼いの猫は肥満に注意！キャットタワーで運動をさせよう

◆運動不足のサインを見逃さないで！

猫の運動不足は肥満やストレスを招くばかりか、さまざまな病気を引き起こすことがあります。次の5つのような状態が見られたら運動不足のサインです。

①肥満
②グルーミングが極端に増える
③急に走り回る
④いたずらが増える
⑤無気力になる

猫がこのようになったら注意して観察を続け、変化がなければ獣医に相談してみましょう。いずれにしても、猫の健康を維持するためには、適度な運動が必要です。室内飼ご主人と同じで、運動不足は病気のもとニャ！

適度な運動ができるキャットタワー

いの猫だからといって、運動不足になりやすいということはありません。限られたスペースでも、工夫しだいで充分な運動ができます。

たとえば、キャットタワーや段差のある家具などでは、ジャンプしたり飛び降りたり、猫にとって大切な上下運動が可能です。猫じゃらしなどで一緒に遊んであげれば、運動しながら猫とコミュニケーションをとることができます。

子猫なら、けりぐるみや小さなボールなどで、ひとり遊びをさせたり、廊下をダッシュさせるだけでも、運動不足の解消になります。

キャットタワーやキャットハウスなどは、ダンボールやベニヤ板を使って手づくりに挑戦してみるのもよいでしょう。

飼い主が外泊するときに気をつけるべきこと

◆留守番させる場合の注意点

出張や旅行で家をあける場合、1泊2日までなら、猫はひとりで留守番できます。この場合、エサをいつもの容器に2日分入れてしまうと、いっぺんに食べてしまうことがあります。部屋の中の数カ所に、小分けして置いておくとよいでしょう。

最近は、食べたぶんだけ自動的にエサが補給される給餌機《きゅうじき》や、タイマーをセットすると、エサが入った容器のふたが自動的に開くものも市販されています。

水は、大きめの容器にたっぷりと用意しておきましょう。またペットボトルを逆さにさしておくだけで、飲んだぶんだけ水が補給されるものも市販されていますので、利用してもよいでしょう。

トイレは砂を取りかえてきれいにしておくことはもちろん、とくにきれい好きな猫に

ご主人が外出。ひとりでお留守番できるかニャ～

外出前によく確認を！

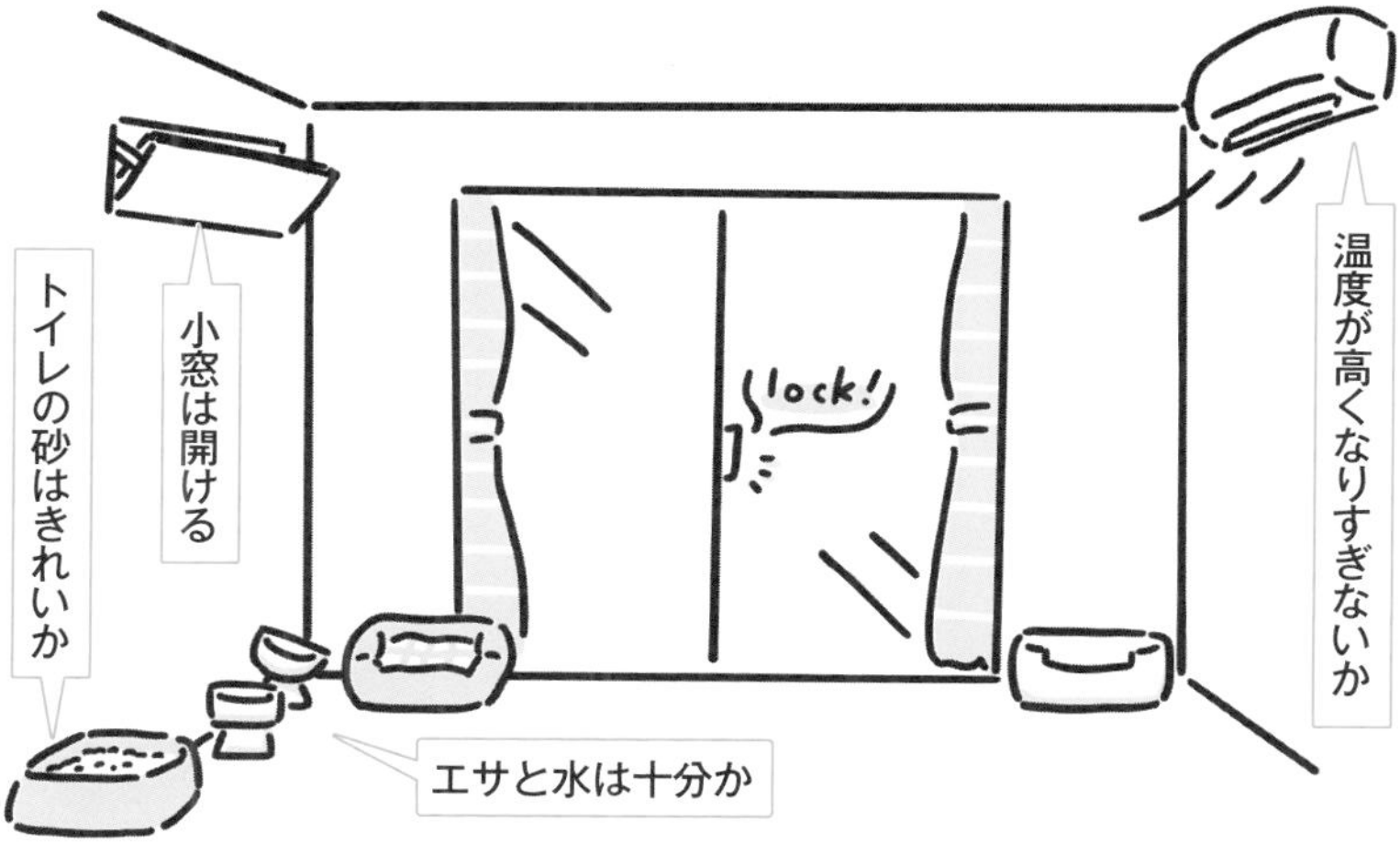
小窓は開ける
トイレの砂はきれいか
lock!
温度が高くなりすぎないか
エサと水は十分か

は、**もう1カ所、別のトイレを用意しておく**ことをおすすめします。

室温の調整もしなくてはなりません。夏の場合、締め切った部屋の室温は40～50度まで上がることがあり、猫が脱水症状を起こすことがあります。また、日あたりのよすぎる部屋は、熱射病も心配ですので十分な配慮が必要です。

たとえば、猫が出られないくらいの小さな窓は開けておく、網戸を利用する、換気扇を回しておく、室温が上がるとエアコンが作動するなどの設定をしておくと安心できます。浴室の水を抜いておき、トイレのふたもしめておきましょう。

2泊3日以上の外泊の場合、できれば、猫のことをよく知っている知人に、泊まりに来てもらうのがベストです。

ペットホテルを利用する前に知っておきたいこと

◆猫に合ったホテルの探し方

飼い主が1泊2日以上の外泊をする場合は、ペットホテルを利用するとよいでしょう。ペットホテルでは宿泊以外に食事のサービスがあるほか、つめきり、散歩、報告メールなどが無料で受けられます。ペットサロンや動物病院がペットホテルを兼ねているところもありますので、猫に合った宿泊先を見つけてあげましょう。

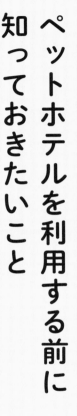

宿泊料金はペットの種類によって異なりますが、猫の1泊あたりの平均的な宿泊料は3240円（2020年）とリーズナブル。ただし、宿泊前にはよく使っている毛布や、ごはんなど準備が必要です。

また、ワクチン接種も欠かせません。現在はどのペットホテルでも「**予防接種証明書**」を提示することが義務づけられています。万が一、病気や感染症を持ちこんでしま

ペットホテルのチェックポイント

- □ 24時間、従業員が常駐
- □ 保管許可証の有無
- □ 様子を確認できるサービス
- □ ケンカが起こりにくい配慮
- □ ワクチンの接種義務
- □ キャットタワーの有無
- □ キャットトレーナーの体調管理や病院提携の有無
- □ 送迎の有無
- □ フードを持ちこみ可否

ホームページだけでニャく、
口コミなども要チェックニャ！

はじめてのホテルは、なんだか緊張するニャ〜

うと、ほかのペットへの集団感染が起こりかねません。

◆安心感を与える方法

慣れない環境ですごすことになりますので、あらかじめ健康チェックをしておきましょう。飼い主の臭いのついたタオルや、遊び慣れているおもちゃなどを持たせると、猫も安心できます。

さらにケージですごす習慣がないと、環境の変化に大きなストレスを感じることも。日ごろからケージの中ですごす時間をつくっておくことが理想です。そしてホテルの食事を食べてくれないことも想定し、食べ慣れているものを預けておくのがよいでしょう。

猫と外出するときに用意するもの・注意点

猫と一緒に車で旅行したり、引っ越し先に向かったりする場合、何を準備し、どんなことに注意したらよいでしょうか。まず、猫との外出時に必要なものを8つあげます。

◆外出時に必要なもの

①ケージ（キャリーバッグなど）
②猫用トイレ（車内に置く。宿泊先でも使用）
③ハーネスやリード（連れて歩く場合に使用）
④迷子札（逃げ出したりしてはぐれたときのために、首輪につけておく）
⑤タオル（ケージの中に入れたり、睡眠時などに使用するので、多めに用意）
⑥キャットフードと水（外出の日数に合わせ用意。水分補給時にスポイトも）
⑦ビニール・ティッシュペーパー・消臭スプレー（粗相をしたときなどにも必要）

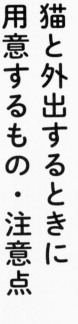

ご主人とのお出かけは楽しみだけど、少し不安になったりもするニャ

車に乗せるときはケージに入れて後部座席へ

⑧寝床・つめとぎ（宿泊先で使用）

長時間の外出時に猫のストレスを減らすには、ふだんからキャリーバッグやハーネスを利用して、ならしておくことが大切です。

また猫を電車に乗せる場合は、猫用の切符を購入し、必ずケージに入れて移動します。なるべくすいている時間帯に乗車しましょう。バスの場合も同様です。なお、長距離バスや高速バスは、ペット不可のこともあります。乗り物酔いを防ぐため、出発の2時間前からは、エサを与えないようにしましょう。

車中ではときどきキャリーをのぞいて、もし猫がぐったりとしたり生あくびをくり返していたら、一度降りて、新鮮な空気を吸わせてあげましょう。

もっと知りたい猫のこと ③

2匹目を迎えるときは

まずは猫どうしの相性をうかがうため、新しく迎える猫はケージに入れておくとよいでしょう。もともといた猫は当然ケージの中の猫に興味を示し、最初のうちはおたがいに警戒しあい、威嚇することもあります。しかし、2日もすれば相手に慣れて、警戒心は薄れてきます。

ただし、先にオスを飼っていた場合、2匹目をオスにするとたがいのなわばり意識が働いて、うまくいかない場合もあります。

2匹の猫を同時に飼う場合に注意したいのは、どちらの猫にも100%の愛情を注いであげること。それぞれの猫に50%ずつの愛情で接していては、けっして満足してくれません。エサを与えるときに、前から飼っていた猫を優先し、機嫌をとることでうまくいくケースが多いようです。

パート4 猫との暮らし お手入れ編

猫の美容と健康には定期的なブラッシングが必要

◆血行促進などの効果があるブラッシング

ブラッシングには、猫の身だしなみを整えるだけでなく、皮膚を刺激して血行をよくしたり新陳代謝をうながす効果があります。さらに猫とのスキンシップを通して、体調変化の早期発見にも役立ちます。ブラッシングをすると、抜け毛やホコリ、フケなどが舞いますので、玄関やバスルームで行うのもいいでしょう。部屋の中でブラッシングをする場合は、シートや新聞紙を敷いてから行います。

ブラシにはいろいろなタイプがありますが、必ず猫専用のものを。ピンブラシは、皮膚を傷つけにくいので子猫にも使えます。ブラッシングを気持ちがいいと感じる猫もいれば、いやがる猫もいます。いやがるときは、少しずつ慣らしていきましょう。

短毛種は、抜け毛や汚れを落とし、ツヤを出すようにブラシをかけます。週に1～2

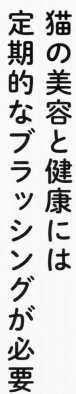

ご主人がしてくれるブラッシングは、気持ちいいニャ〜

毛の長さに合わせたブラッシングを

回、1回15〜30分でOK。ブラシのかけすぎでグルーミングしなくなってしまう猫もいますので、注意が必要です。

ラバーブラシを使い、背中からお尻に向かってブラッシングしたら、仰向けにしてお腹も。顔まわりや足はコームを使用します。

ノミが出やすい**長毛種の場合は1日に1回、必ず行う**ようにしましょう。ブラッシングをおこたると、動物病院で全身の毛を刈ることになるかもしれません。短毛種と同じく、1回15〜30分がめやすです。

コームやピンブラシで全体の毛をとかし、毛玉やもつれをほぐしたら、スリッカーブラシで背中からお尻をブラッシングし、もつれをほぐしましょう。

猫に恐怖心を与えずにお風呂へ入れる方法

◆ノミやフケ、臭いが気になるときはシャンプーを

猫が汗をかくのは肉球だけです。まして室内飼いであれば、外で汚れることもありません。ちょっとした汚れは、グルーミングできれいにしてしまいます。

体臭も、ほとんどありません。猫は単独行動をするため、体臭があるとせっかくの獲物に気づかれてしまいます。わずかな臭いも、グルーミングをすることで消しているのです。そのため、猫をお風呂に入れる必要はないといわれています。

ただ、しつこい汚れがついてしまったり、ノミやフケが気になるとき、グルーミングやブラッシングだけでは、なかなかきれいにならないことがあります。

また、しばらくブラッシングしないでいると、腹部などの毛がもつれてしまうことも。そんなとき、シャンプーをしてあげるといいでしょう。

シャンプーの前に準備するもの

シャンプー（猫用）

おもにアミノ酸系や無添加のものが多く、グルーミングをしたさいに毛を食べてしまってもからだに悪影響がないようになっています。

大きめの洗面器

浅めにお湯を張れば問題ありませんが、できない場合や、水道代を節約したい場合は猫の肩から下がつかる程度の水が入るおけを準備しましょう。

大きめのタオル

全身が毛に覆われているため、タオルは大きめがおすすめです。顔部分を拭くためのハンドタオルなどを準備しておきましょう。

◆お風呂の前に準備するもの

●猫用シャンプー

人間のシャンプーでは刺激が強いため、必ず猫用のシャンプーを使うようにしましょう。ノミ取り専用のシャンプーもあります。

●バスタブ代わりになるもの

人間のバスタブを怖がる猫や子猫には、大きめの洗面器にお湯を張るといいでしょう。

●バスタオル・ハンドタオル

猫をすっぽり包んで拭くことのできるバスタオルと、顔まわりを洗うハンドタオルを。

●ブラシ・コーム

入浴前のブラッシングや、からだを乾

水に濡れるのはイヤだけど、きれいになるのはうれしいニャ！

かした後のブラッシングに使用します。

◆シャンプー前のチェック

猫をお風呂に入れる前に、準備しておきたいことがあります。

●体調はよいか

濡れることを嫌う猫にとって、シャンプーすることは、意外と体力を使うもの。妊娠中、手術前後、ワクチン接種後、熱があるときは、シャンプーできません。

●つめは短いか

暴れて引っかかれることもありますので、つめは短くしておきましょう。

●汚れはないか

先にブラシをかけて、落とせる汚れは落としておくと、シャンプーの時間を短縮できます。

◆シャンプーは優しく声をかけながら

ブラッシングが終わったら、いよいよシャンプーに移りますが、猫にとって濡れることは大きなストレスになります。暴れることもあると思いますが、なるべく怖がらせないよう、優しく声をかけながら進めてください。

ああ怖かった。でもスッキリしたニャ～

シャンプーは優しく声をかけながら

しっぽのつけ根や足の裏、指のあいだなどはぬるま湯で丁寧にすすいであげましょう。
猫は濡れることがかなり嫌いなので、顔には直接水をかけないよう工夫しましょう。
…
シャンプーはマッサージをするように5～10分、長めになじませます。

シャワーはぬるめ、水量も少なめに設定します。首から下だけにかけて、絶対に頭を濡らさないようにしましょう。目や耳に水が入ると、猫は恐怖心から逃げ出そうとします。

浴槽内でシャンプーする場合は、すべり止めのバスマットを敷き、5～10㎝程度の深さまで、ぬるめの湯を張ります。

次に首からしっぽまで、少しずつシャンプーをつけて洗いましょう。泡が残らないよう、しっぽのつけ根や足先も忘れずに、すすいであげてください。

シャンプー後は、バスタオルなど大きめのタオルで優しくくるみ、水気を取ってあげます。ドライヤーをかける場合、近づけすぎて温風でのやけどをしないように気を配りましょう。

目・耳・歯のお手入れで健康をキープする

◆お手入れのコツ

猫は目と耳、そして歯までは自分でグルーミングできないため、飼い主がやってあげましょう。

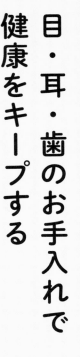

まずは猫の目・耳・歯を見て、異常がないかチェックしてみます。健康状態はこれらのからだの要所にも表れますので、しっかり確認しましょう。ぬるま湯で湿らせた脱脂綿やガーゼで、顔の汚れを拭きながら、とくに異常が見つからなければ、そのまま部分ごとのお手入れを行います。

〈目〉

ふつう、猫の目のお手入れは必要ありませんが、もし目の周辺の汚れが目立つようであれば、眼球を傷つけないように注意しながら、ガーゼなどで軽くたたくように拭いて

耳のお手入れ

オリーブオイルか
ベビーオイル
綿棒にほんの少し
オイルをつけて、
かるくふきとる。

じっとするのは苦手だニャ〜。でも優しく手入れしてくれるから、がまんするニャ

あげましょう。

長毛種の場合は、涙腺の具合によって目の周辺の毛だけが汚れて変色することがあります（涙焼けといいます）。

目ヤニがたまっているようなら、綿棒などでそっと取り除いた後、猫専用の目薬をさしてあげます。人間用の目薬は、使えません。目ヤニがひどければ、病気の可能性もありますので、必ず動物病院に連れていきましょう。

〈耳〉

猫の耳には、ノミやダニがすみつきやすく、月に1〜2回は手入れが必要です。綿棒にオリーブオイルかベビーオイルをつけ、軽く拭き取るように耳掃除をします。

このとき、綿棒は奥まで差し入れたり

あまり力を入れすぎたりしないように注意。ペット用のロングサイズ綿棒が使いやすく、おすすめです。

綿棒で手入れするのが怖いという場合は、脱脂綿やこより状にしたティッシュを使ってください。耳の中が湿っていると、ダニやノミがすみつきやすくなるため、オイルは少量でかまいません。耳の中の湿気が気になるときは、市販のイヤーパウダーを耳に振っておくと、ほどよく乾燥したよい状態になります。

ダニやノミは、猫を注意して観察すると見つけることができます。発見したら、猫のベッドやキャットハウスなどもチェックしてください。猫が眠っているあいだに、耳から侵入してくる可能性もあるからです。

また、耳に汚れがたまりすぎていたり、傷があったり、耳が熱をもっているようでしたら、動物病院に連れていくとよいでしょう。


〈歯〉


歯は猫の食生活に関係してきますので、念入りにチェックしましょう。とくにソフトモイストを中心に食べている猫は、歯石がたまりやすくなっています。

ふだんは、歯にたまった歯石を綿棒で取り除いてあげましょう。そのままの状態が続くと、歯周病になってしまう可能性もあります。歯石がひどい場合は、動物病院で取ってもらうことをおすすめします。

世間にはどうやら「歯みがきおやつ」なる便利アイテムがあるらしいニャ

歯のお手入れ

歯石を綿棒でとってあげるだけでOK!
歯が黄色くなってきたら歯みがきを！
優しく支えるようにあごを持つ

また、猫が7歳くらいになると、そろそろ老猫性の歯周病の心配が出てきます。この時期になったら、1カ月に2〜3回程度、歯みがきをしてあげましょう。ただ成猫になってからの歯みがきは、猫がいやがってやりにくいことも多いので、子猫のうちから習慣づけるとうまくいきます。

動物病院やペットショップで、猫用の歯ブラシが手に入ります。歯みがき粉はとくに必要ありませんが、猫の好きな味の歯みがきジェルや、ささみのゆで汁などをつけてもOKです。

歯ブラシをいやがる猫には、湿らせたガーゼや歯みがきシートを指に巻いて、歯ぐきを優しくぬぐってあげましょう。

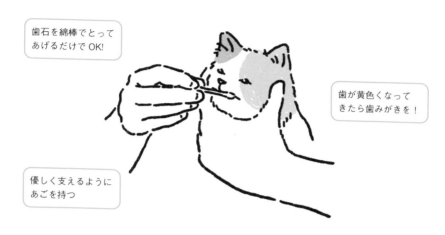

定期的につめを切れば、猫も人間も安心

◆前足は2週間に1回、つめきりを

外に出る猫は、運動するたびにつめを使うので、つめの長さは一定に保たれていま す。ところが室内飼いをしている猫や老猫は、どうしても運動不足になるため、つめが どんどん伸びていきます。

つめを伸び放題にしていると、折れたり割れたりするだけでなく、肉球にくいこんで 出血したりすると、そこから化膿する可能性もあります。前足は2週間に1回、後ろ足 の場合でも3～4週間に1回は、つめきりをしてあげましょう。じゃれたとき飼い主の からだを傷つけてしまうこともあります。

人間とはつめの形や質が異なりますので、つめきりは必ず猫専用のものを使います。 まずは膝の上に猫を乗せ、逃げ出したりしないようしっかりと抱きしめます。

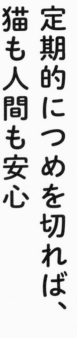

つめの切り方

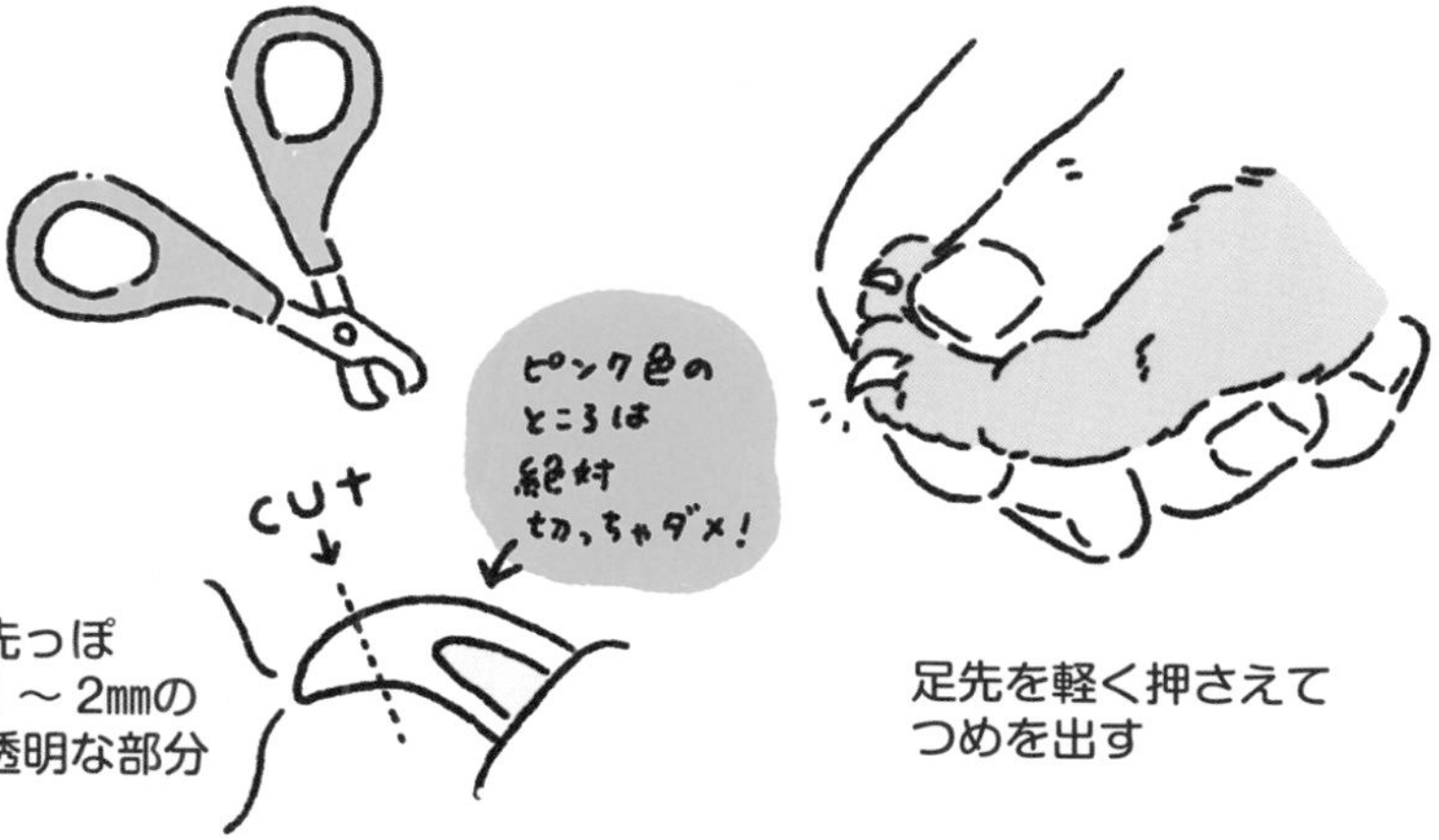
ピンク色のところは絶対切っちゃダメ！
CUT
先っぽ
1～2㎜の
透明な部分
足先を軽く押さえて
つめを出す

つめきりは苦手だニャ。でも、大事だってことは、知ってるニャ

猫はふだんつめを出していないので、切るときにはまず足先を上下から軽く押さえてつめを出します。

そして、つめ先から1～2㎜の透明な部分だけをカットしていきましょう。**つめの根元のピンク色の部分には、血管が通っているので、**絶対に切らないでください。

さらに、つめはいつもきれいに、清潔にしておく必要があります。外に出る猫の場合、汚れていたら湿らせたタオルなどで拭き取ってあげてください。

猫のストレス解消やつめの伸びすぎを防ぐために、つめとぎ板は必需品。つめとぎ板が消耗してくると、猫は壁や柱、床などでつめをとぎはじめますので、定期的に交換してあげましょう。

体調不良を見つけるために猫のからだをチェックしよう

◆人間と同様に病気の早期発見をめざす

猫の健康維持に必要なのは、日ごろから食事や運動など規則正しい生活を心がけ、病気を予防すること。そして動物病院での定期検診は忘れずに受診し、病気の早期発見・早期治療を心がけることがとくに大切です。

猫は自分から体調不良を訴えることをしません。野良あがりの猫は、痛みや体調不良をギリギリまでがまんしてしまうことがあります。ふだんのコミュニケーションを通して猫の健康状態を把握し、こまめなチェックを行いましょう。ふだんとちがう様子が見られたら、獣医師に相談することをおすすめします。

では、具体的にどんなところに気をつけたらよいか、以下に猫のからだの部位ごとに、気をつけなければならないチェックポイントをあげてみました。

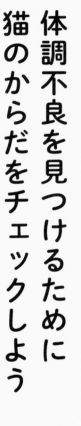

病気になる前に、予防することが大切だニャ！

健康状態のチェックポイント

あれれ？と思ったら
すぐ獣医さんに
相談！！
よごれてない？
涙や目ヤニはない？
臭くない？
鼻汁出てない？
毛ヅヤは？
ヒフは？
せいけつ？

〈**皮膚と毛**〉

いつもより猫の毛づやがよくないときは、体調が悪いサインかもしれません。

指で毛をかき分け、皮膚の状態をチェックし、ひどい引っかき傷がある、ノミが多く見られる、また湿疹やかさぶたがある場合は動物病院に相談しましょう。

〈**耳**〉

いつもはピンクがかった色をした耳の内側が汚れていたり、黒い耳アカが出る場合、外耳炎の可能性があります。また耳に臭いがある、かゆがる、ただれている場合も注意が必要です。

〈**目**〉

健康な猫の目は、輝きがあって澄んでいます。目がショボショボしていたり、涙がたまっている場合、結膜炎などの可気か体調不良かもしれません。

にある白い膜）が出ている、眼球の動きがおかしいなどの症状があったら、何らかの病

能性があります。ほかにも目が赤い、目ヤニが多い、眼球全体が白っぽい、瞬膜（目頭

〈**鼻**〉

健康な猫の鼻は、なめらかで適度の湿り気を帯びています。逆に鼻が乾いていたら、熱性の疾患や伝染病などで高熱が出ている可能性があるので、熱を測ってあげてください。ただし、眠っているときや起きぬけに鼻が乾いているのは問題ありません。また、鼻水とともに膿が出ていたら蓄膿症の疑いがあり、くしゃみが続く場合はウイルス性の呼吸器疾患の疑いがあります。

〈**口**〉

猫にはふつう、口臭はありませんが、口が臭うようなら歯周炎か口内炎かもしれません。さらに潰瘍ができたり、食欲がなくなったりするようなら、猫白血病ウイルスや猫免疫不全ウイルスなどの疑いがありますので、早めに受診してください。よだれをダラダラとたらしている場合も、何らかの病気の可能性があります。

〈**腹**〉

猫を抱いてお腹を触ってください。もしいやがるようであれば、黄色脂肪症や尿閉塞、便秘症かもしれません。お腹にしこりがあったり、膨らみがある場合も要注意です。

ウンチの色で病気がわかるんだニャ

猫がかかりやすい病気と死亡要因

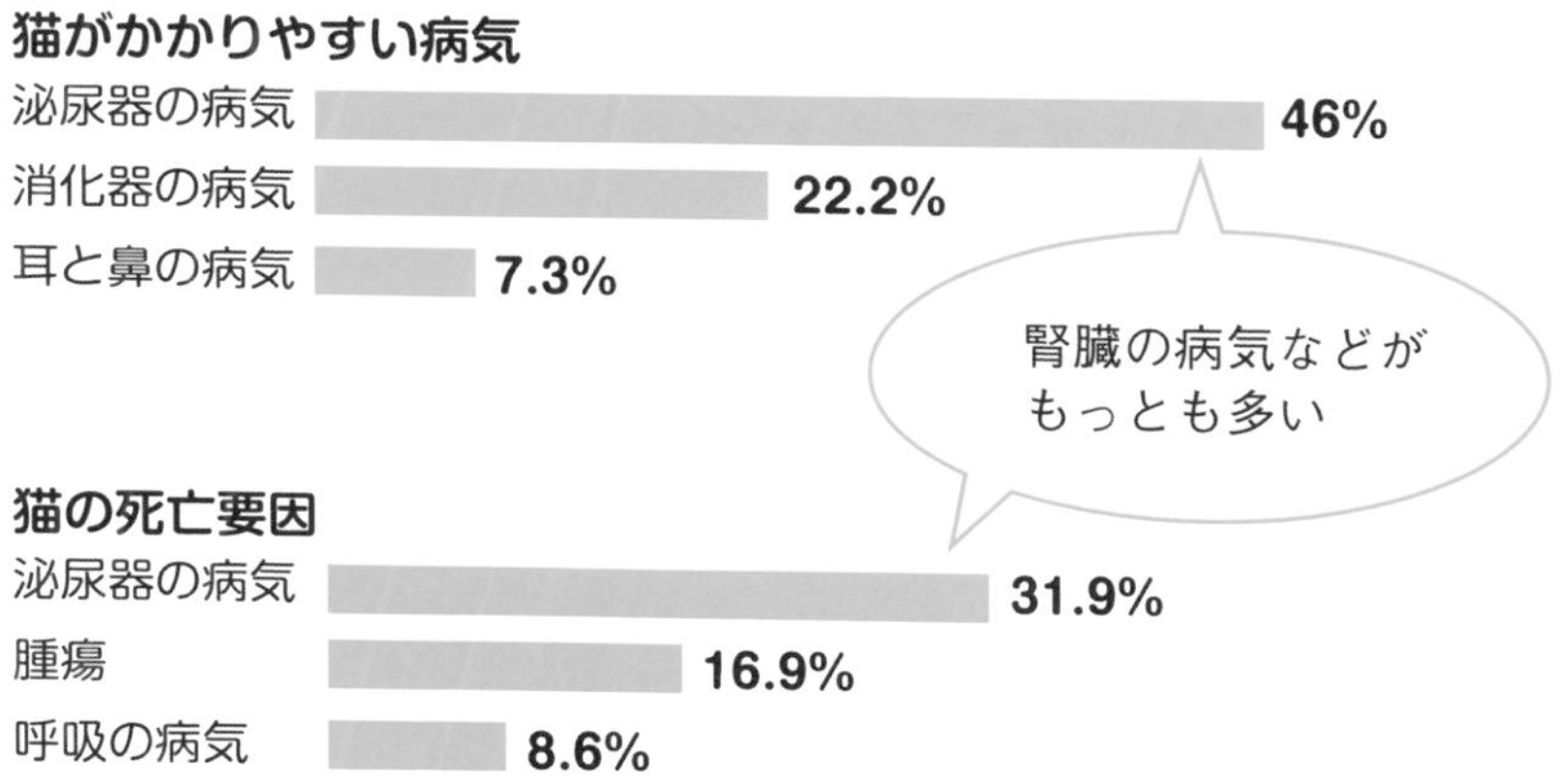
猫がかかりやすい病気
泌尿器の病気
46%
消化器の病気
22.2%
耳と鼻の病気
7.3%
腎臓の病気などが
もっとも多い
猫の死亡要因
泌尿器の病気
31.9%
腫瘍
16.9%
呼吸の病気
8.6%

しぐにゃるウェブサイト／アンコムホールディングス「家庭どうぶつ白書 2017」をもとに作成

◆便は健康のバロメーター

毎日のトイレ掃除のさいに、猫の便は必ずチェックしましょう。いつもより黄色がかった便が出る場合は、植物性のエサを摂取しすぎているのかもしれません。灰色っぽい便は、カルシウムや骨などの与えすぎか、胆汁の分泌障害が考えられます。

また便に血が混ざっている、下痢便に血が混ざっている場合は何らかの腸の病気の疑いがあります。

そして、猫が長時間トイレにしゃがんでいるのに便が出ない、逆に下痢便が続く場合、回数が急に増えた減ったなどもさまざまな原因が考えられますので、獣医師に相談してみてください。

突然吐き出してもあせらない毛球吐きとノミ対策

◆毛球症予防にはブラッシング

清潔好きな猫は、1日に何度もグルーミングをします。グルーミングをすると、猫特有のザラザラとした舌に付着した毛は、からだの中に飲みこまれます。

飲みこまれた毛は胃の中で球状になり、ネバネバとした黒いかたまりとなって口から吐き出されます。これが毛球と呼ばれるもので、健康な猫ならばふつう週に1回程度はこれを吐き出しますが、病気ではありません。

猫の体内に飲みこまれた毛は、すべてが毛球となって吐き出されるわけでなく、一部は便に混ざって排出されます。毛球自体は健康の証なのですが、まれに毛球が胃にたまって胃もたれを起こすこともあります。上手に吐き出すことができないと、毛球症になってしまうことも。おもに長毛種に多く見られ、食べたものを吐くことをくり返すよう

外に出なくてもノミがつくことがあるニャ

滴下するタイプのノミ対策

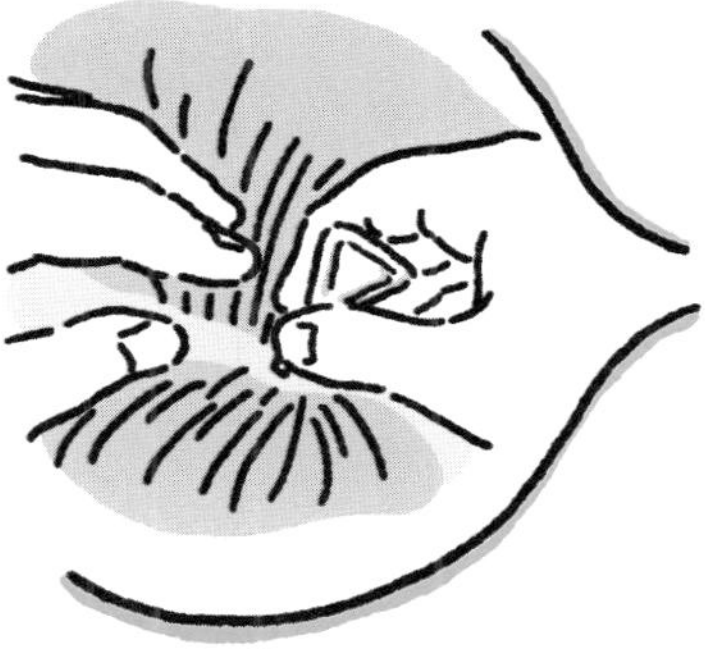

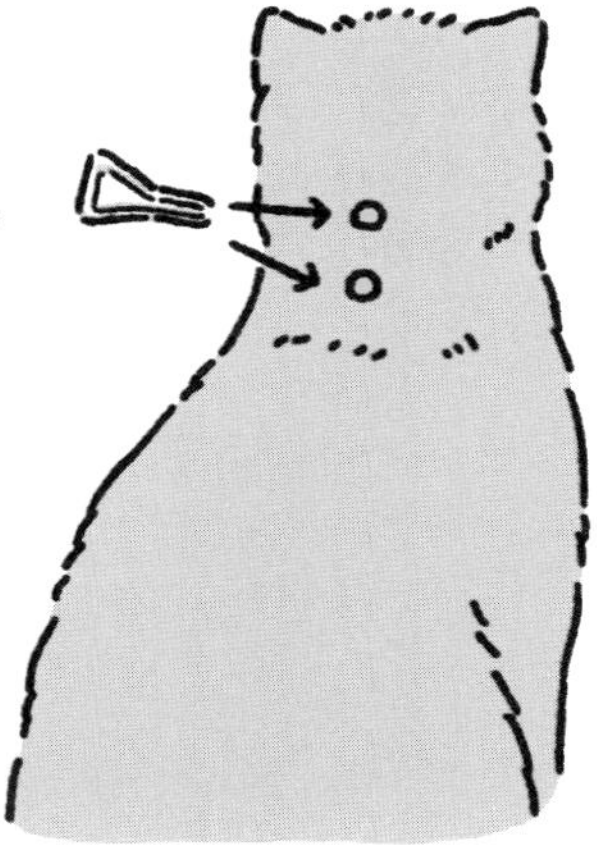

猫がなめないように首のつけ根、もしくは肩甲骨のあいだに滴下します。1カ所に滴下することで皮膚を通じて全身にいきわたります。

でしたら毛球症を疑ってみます。

対処法としては、エサに1日あたり大さじ2～3杯程度のサラダ油を混ぜてみましょう。**毛球を吐き出させるチューブ状の薬も市販されています。**これらを試してみても改善されない場合、動物病院に相談するようにしてください。

毛球症予防には、こまめにブラッシングして、抜け毛を抑えることが大切です。

室内飼いをしている猫でも、ノミの被害にあうことがあります。

ノミを発見したら、すぐにつぶさず、ノミ取りシャンプーやノミ取り首輪を利用したり、動物病院で内服薬を出してもらいましょう。予防策は、とにかく部屋の掃除を徹底することです。

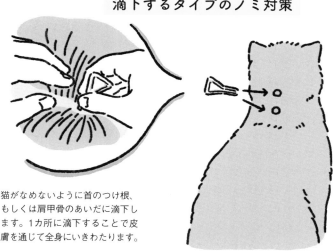

信頼できる主治医と猫がいやがらない病院の見つけ方

◆動物病院選びのコツ

いざというときのために、猫も主治医を決めておくと安心です。ただ近いという理由だけで選ぶと、あとあと後悔することにもなりかねません。

以下に信頼できる主治医の条件を6つあげてみました。

①病院内が清潔で、ペット臭が少ない

不衛生な病院では、ほかのペットから病気がうつる二次感染が起こることもあります。清潔でペット臭が少ない病院を選びましょう。

②対応がていねいでアットホームな雰囲気

触診もアドバイスもなく、事務的な対応をするところは要注意。電話の対応もていねいで、病院での対応がアットホームであると、病院嫌いな猫も必要以上に暴れたりしな

病院は好きじゃないけど、優しい先生ならガマンするニャ

病院嫌いになる猫は多い

出かけるときのキャリーバッグに反応して、隠れてしまうこともあります。

くなります。獣医師が複数いる病院では、診察のたびに担当医が変わる場合も。

③治療や治療費の説明がわかりやすい

よい病院は、専門用語を連発したりせず、飼い主にもわかるように治療内容や治療費の説明をしてくれます。また治療法の選択肢も提示してくれます。

④飼育相談に快く応じてくれる

食事法やトイレのしつけ、運動法など、親身になって、的確なアドバイスをしてくれる獣医師は信頼できます。

⑤時間外診療にも応じてくれる

夜間や診療時間外でも対応してくれる病院は安心。往診可の病院もあります。

⑥セカンドオピニオンをいやがらない

猫のことをほんとうに考えている獣医師は、他病院の意見にも耳を傾けます。

猫がかかりやすい病気とそれを防ぐワクチン

◆ワクチン接種で防げる4つの病気

猫の病気は多種多様。そのなかでも、猫がかかりやすい病気をご紹介します。気になる症状がある場合は、早めに動物病院を受診するとよいでしょう。

次にあげる病気は、いずれも年に一度のワクチン注射を行うことで予防できます。

①猫伝染性腸炎

強い感染力を持つウイルス性の病気です。発症後は急速に悪化し、発熱に続いて内臓機能が低下、嘔吐をくり返して下痢や脱水症状が見られます。お腹をさわってみて悲しげに鳴くようであれば、この病気が疑われます。子猫がかかると、死亡率90%だといわれ、猫ジステンパーとも呼ばれます。

②猫ウイルス性鼻気管炎

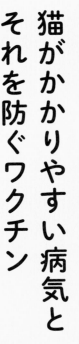

病気になる前に、予防することが大切だニャ！

病気予防のためのスケジュール表

月／予防対策など	3月	4月	5月	6月	7月	8月	9月	10月	11月	12月	1月	2月	注意点
混合ワクチン	混合ワクチン予防接種1～3年に1回												頻度は主治医に相談しましょう。
フィラリア予防	病院で身体検査												冬でもノミ・ダニは確認されているため通年の予防がおすすめです。
		フィラリア予防期間											
ノミ・ダニ予防	ノミ・ダニ予防期間												
健康診断	春の健康診断												頻度は主治医に相談しましょう。
							秋の健康診断						

猫かぜとも呼ばれ、感染2～3日後から急激に食欲が衰え、くしゃみや咳、鼻水、よだれなどがみられます。放っておくと蓄膿症や呼吸困難、肺炎になることもあります。

③猫カルシウイルス感染症

これもかぜですが、猫ウイルス性鼻気管炎よりもウイルスの威力は弱く、ふつう1～2週間で快復します。ただ口内や舌に炎症が出て、進行すると気管支炎や結膜炎などになるケースもあります。

④猫白血病ウイルス感染症

猫の病気でもっとも重く、感染後1～2か月で発熱や食欲不振、貧血などがみられ、目の粘膜や皮膚が青白くなったり、リンパが腫れることも。発病すると3～4年で死に至るケースも多いのですが、感染した成猫が発病する確率は高くないとされ、治ることもあります。

◆ワクチン接種で防げない病気

ワクチンでは予防できない以下の病気は、飼い主の日ごろの努力で防ぎましょう。万一発病しても、早期発見であれば回復も早まります。

猫を放し飼いにしていたり、複数飼いしていたりするとかかりやすい**猫伝染性腹膜炎**は、お腹に大量の水がたまり、膨らんでいく病気です。食欲もしだいに落ちてきて発熱や貧血、黄疸が見られます。特効薬はありませんが、延命治療でかなりの年月を生きることができます。

「猫エイズ」といわれる**猫免疫不全ウイルス性感染症**は、唾液や傷口から感染しますが、猫と人とのあいだで感染することはありません。初期症状としては、リンパ線の腫れや発熱が続き、徐々にからだがやせて病気に対する抵抗力が衰えていきます。いまのところ特効薬はありません。

発病する猫のほとんどが外に出る猫。室内だけで飼うのが、一番の予防策となります。ほかにも、赤身のマグロや、青魚と呼ばれるアジやサバを主食とする猫がかかりやすい**黄色脂肪症**。メスの老猫に多く見られ、子宮内に炎症を起こして膿がたまる**子宮蓄膿症**。オスの尿道を塞いでしまう**尿閉塞**など、さまざまな病気があります。

太りすぎは、病気のもとニャ〜。よし、部屋の中でもいっぱい運動するニャ！

猫のやせ、肥満の見分け方

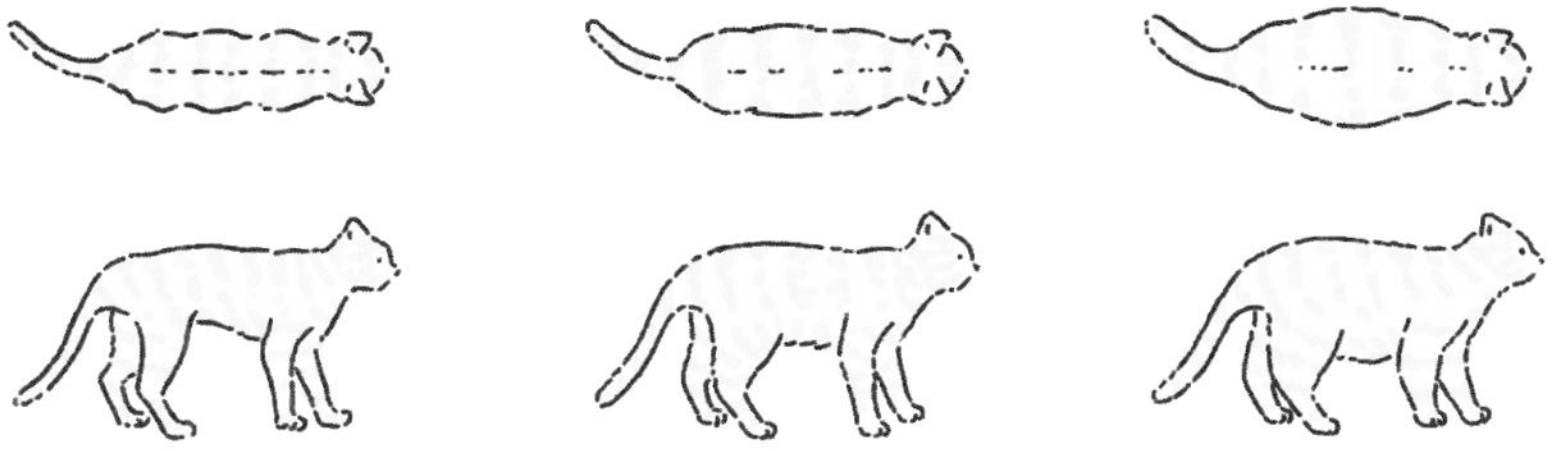

やせ
肋骨、腰椎、骨盤が外からわかる。首が細く、上から見たさいにウエストがかなりくびれている。腹部が大きく吊り上っている。

ふつう
肋骨を触れるが見ることはできない。上から見たくびれが少し見られる。横から見たさいに腹部が凹んでおらず、膨らんでもいない。

肥満
肋骨や背骨は脂肪におおわれており、さわれない。横から見て腹部のくびれがなく、歩行などのさいに左右に揺れる。

ほかにも、猫から人間にうつる代表的な病気に**トキソプラズマ**があります。汚染された生肉を食べた猫が感染するものですが、猫に症状が出ることは少なく、感染した猫の便などに触れた人間に感染します。

◆まずは肥満を防ぐ

猫の肥満は、糖尿病や心臓病、高血圧などの原因になるだけでなく、全体重を支える足腰にも負担がかかります。肥満の原因は運動不足や食べすぎ、偏食、不規則な食生活などがあげられます。

お腹がせり出している、腰のあたりが盛り上がっている、動作が緩慢でヨタヨタ歩いているなどの症状が重なったら、ダイエットを考えるべきでしょう。

猫が病気になる前に知っておきたい手術費と治療費

◆10万円を超えるケースも多い

動物病院はすべてが自由診療となります。そのため初診料、再診料から手術費、薬代まで病院によって料金が異なり、安いところと高いところでは10倍以上の差が出る場合もあります。加えて**人間のような公的保険制度がないので、かなり割高に感じられます。**

猫の入院理由の第2位にあげられる「消化管内異物／誤飲」は、1回あたりの診療費の平均値が猫がかかる病気のなかでもっとも高く、約11万円。手術費は約13万円かかるようです。また尿道閉塞の診療費は約10万円、骨折の手術費は約10万円、膀胱結石の手術費は約19万円といずれも高額です。

ペット保険に加入していて、その病院が保険の窓口請求に対応してくれる場合以外は、診療や手術をした時点で全額払うことに。窓口請求に対応していなければ、飼い主

病気によっては、こんなに高い費用がかかるんだニャー

猫の入院理由トップ10

順位	傷病名	件数（件）	1回あたりの平均入院日数（日）	1回あたりの診療費／平均値（円）
1	慢性腎臓病（腎不全含む）	1,244	4.6	69,003
2	消化管内異物／誤飲	389	3.8	111,587
3	嘔吐／下痢／血便（原因未定）	365	3.6	67,097
4	糖尿病	313	3.4	51,817
5	尿道閉塞	286	5.3	100,999
6	膵炎	250	3.5	66,533
7	胃炎／胃腸炎／腸炎	234	3.7	57,001
8	元気喪失（食欲不振含む、原因未定）	226	3.5	56,825
9	歯周病歯肉炎（乳歯遺残に起因するもの含む）	221	2.2	74,518
10	心筋症	193	3.2	67,197

『家庭どうぶつ白書 2019（アニコム）』をもとに作成

が領収書や診断書などをそろえ、後日保険金の請求をすることになります。

良心的な病院では、飼い主の経済事情に合わせ、複数の選択肢を提示してくれることも。そのあたりは主治医選びのポイントのひとつとなるでしょう。

想像を越える費用を請求され、支払いに応じられない場合は、当然動物病院から催促を受けることになります。

また事前に費用が払えないとわかっている場合は、手術を受けることができません。手術後に払えないことが発覚して訴えられ、飼い主の財産が差し押さえになった事例もあります。

治療費などに使用できるペットローンもあり、手術費が借りられることもあるので相談してみましょう。

猫が突然ケガをしたときの応急手当を知っておこう

◆状態をよく見て対処する

好奇心旺盛な猫にとって、ケガはつきもの。ひどいケガをしたときは、動物病院へ連れていくのが最優先ですが、人間のように救急車もなければ、夜間休日に受け入れてくれる病院もあまりないのが現状です。

けがをしたときは、飼い主による応急手当が必要です。動物病院に連絡し、状況を説明しながら行うのがよいでしょう。

〈外傷を負ったとき〉

ケガの部分に細かいガラスやゴミなどが付着していたら、ていねいに取り除き、水で汚れを洗い流しましょう。ガラスの破片が深く突き刺さっていたら、そのまま病院へ連れていくようにします。

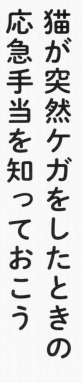

次にオキシフルを染みこませた脱脂綿で患部を消毒し、滅菌ガーゼをあて、出血が止まるまでおさえます。止まったら、包帯などを巻きガーゼを固定しましょう。

〈感電したとき〉

切れたコードなどを口に加えた状態で意識を失っていたら、猫のからだにふれる前にコンセントからプラグを抜きます。必要であれば心臓マッサージを行いますが、一刻も早く獣医にみてもらいましょう。

〈水に溺れたとき〉

猫がバスタブなどに転落し、溺れてしまったら、とにかく早く引きあげましょう。肺に水が入っているかもしれませんので、後ろ足を両手でつかみ、猫を逆さまにして振り子のようにゆっくり揺らします。これを猫が水を吐くまで続けてください。

呼吸が止まっている場合は、猫を温めてすぐに動物病院へ連れていきましょう。

〈やけどをしたとき〉

やけどをした部分をガーゼや包帯で包んだら、熱が引くまで流水をかけ続けてください。やけど部分が広範囲におよぶ場合は、からだごと水につけて冷やします。熱が引いてきたら、濡れたタオルなどを巻いた上から氷のうで冷やし、そのまま病院へ連れて行きます。

なお、人間が使う軟膏などは、絶対に塗ってはいけません。

ケガをしたとき、ご主人がすぐ応急手当をしてくれたから、ボクは助かったんニャ！

もしも猫が病気になったら？飼い主がやるべきこと

◆病院へ行く前に応急処置を

ケガの場合もそうですが、猫の体調が悪くなったら、緊急を要するような場合はすぐに動物病院へ連れていきます。それ以外の場合は、それぞれの病状に応じてまずは飼い主が適切な処置を行い、猫が落ち着いたら病院へ連れていくとよいでしょう。

〈熱中症〉

猫は体温調節が得意でないため、気温が30度を超えると熱中症の危険が高まります。夏場はとくに閉め切った部屋で猫に留守番させるとき、移動の車中やキャリーケースの中なども注意が必要です。猫がハアハアと口呼吸をしていたら、ただちに日光のあたらない涼しい場所に移動させ、濡れたタオルでからだを包むか、タオルで包んだ保湿剤で首や脇を冷やします。このとき、体温の下げすぎには注意しましょう。

猫の熱中症の応急処置

ガーゼやタオルなどで包んだ保冷剤で首や脇、胸部を冷やしましょう。

濡れたタオルでからだをくるみます。タオルが大きく、濡れすぎていると重いので注意しましょう。

あわてず、ボクが落ちついてから病院へ連れていってほしいニャ

体温が40度以上、うまく歩けない、心拍数の増加、吐こうとしたり嘔吐したら、動物病院を受診してください。

〈凍傷・低体温〉

非常に寒い場所に長く置かれると、凍傷や低体温になることも。元気がなくなり、眠ったままずっと起きないようなら要注意。毛布などにくるみ、あたたかくして病院へ連れていきましょう。耳やしっぽの先は凍傷になりやすく、悪化すると壊死してしまうこともあります。

〈けいれん発作〉

けいれんは通常1～2分で治りますので、症状が治まるまで猫にはふれずに見守ります。てんかんや中毒、脳腫瘍などの疑いもありますので、猫が落ちついたら、病院へ連れていきましょう。

猫にとっても大ピンチ！あなたが病気・ケガをしたときの対応

◆まずは獣医師に相談を

飼い主が病気になって免疫力が低下してしまったとき、ペットとのスキンシップをとってもよいかどうかは、飼い主のドクターに相談してみましょう。人からペットへ、またペットから人へ感染する病気もあるからです。また飼い主が新型コロナウイルスに感染したら、猫にもうつる可能性がありますので、猫との接触は極力避けるようにします。どうしても接触しなければならない場合は、マスクやグローブを着用してください。

飼い主が新型コロナウイルスに感染してペットをどこかに預かってもらうとき、預かるさいのケアについては、東京都獣医師会の資料「新型コロナウイルスに感染した人が飼っているペットを預かるために知っておきたいこと」にくわしく記載されています。

コロナウイルスは界面活性剤で不活化されるため、預ける前にマスク・グローブ・エ

ご主人がもしものとき、お友だちが来てくれたら、ボクも安心ニャ〜

猫が心配してくれるかも

優しい飼い主がいつもとちがう状態だと、猫が気にしてくれることはあるかもしれません。

プロン・メガネをした上でペットをシャンプーしていくことになります。

また、ひとり暮らしの飼い主が入院することになった場合、猫の世話については、以下のような選択肢があります。

①家族や知人に、世話に来てもらう

環境の変化が苦手な猫にとって、これがもっともストレスにならない方法です。なるべく猫のことを知っている人に食事内容や時間帯をいつもどおりにしてもらえるようお願いしましょう。

②ペットシッターサービスを利用する

料金はかかりますが、猫に環境変化のストレスがかからないぶん、安心です。

③どこかに預ける

ペットホテルや宿泊もできる動物病院、知人の家で預かってもらう方法です。

もっと知りたい猫のこと ④

ペット猫と防災

猫は地震の揺れなどに敏感に反応し、精神的にも大きなショックを受けます。一緒にいるときであればケガがないかも確認できますが、留守番をさせている場合、できるだけ早く帰ってあげるしかありません。遠隔カメラがあればようすをうかがえますが、日ごろから家具の転倒防止対策をし、できるだけ危険物を置かないよう注意しましょう。タワーなど高い場所で寝る猫の場合、落ちてもケガをしない環境に整えておくことも必要です。部屋の中に、いざというときに猫が逃げこめる、安心できる場所（箱など）を確保してあげると、恐怖心もやわらぎます。

避難場所によっては、同行避難できない可能性もあります。災害時に助け合えるよう、日ごろから近隣とコミュニケーションをとっておきましょう。

パート5
猫との暮らし
老猫編

年老いた猫はどうなる？からだや動きの特徴

◆猫の老化のサイン

中年、老年期に入った猫は、動きがゆっくりになったり内臓の病気になりやすくなったりと、少しずつ老化を見せるようになります。日ごろからよく猫を観察し、次にあげる猫の老化のサインらしき状態・行動を見かけたら、何らかの対処をしてあげましょう。１日でも長く一緒に暮らせるようにしたいものです。

①動きがスローになり、寝てばかりいる

もともと睡眠時間が長い猫ですが、このころになると動作もスローになり、食事の時間以外はほとんど寝てすごす猫が多くなります。12歳以上の猫の9割に骨関節炎があることがわかっていますが、これは慢性的な運動不足が原因であると考えられます。ひどくなると関節可動域も徐々に狭くなり、歩行にも異常をきたします。

歳をとっても、ご主人とずっと、健康に暮らしたいニャ〜

猫の老化のサイン

顔まわり

目が白く濁ってくる。
耳が遠くなる。

からだ

毛つやが衰える。
抜け毛が増える。
白髪が目立ってくる。
足腰が細く細くなる。

行動

反応が鈍くなる。
運動量が減る。
トイレがうまく使えなくなる。
段差でつまずく。
高所に飛び上らなくなる。
寝ている時間がながくなる。

②毛が乾燥気味になってくる

年齢とともにグルーミングの回数が減ってくるため、まめにブラッシングしてあげましょう。脱水症状や腎機能障害でも、毛がボソボソになることがあります。

③水を飲む回数が増えてきた

飲水量と尿量が増えてきたら、慢性腎機能障害、甲状腺機能亢進症、糖尿病の疑いも。受診することをおすすめします。

④エサが食べにくい、口臭が出てきた

歯石がついて黄ばんでいる歯を放っておくと、歯周病になってさまざまな臓器に悪影響をおよぼすことがあります。

⑤よく鳴く、怒りっぽくなった

甲状腺ホルモンが過剰に分泌され、からだに障害をもたらす甲状腺機能亢進症の可能性もありますので注意しましょう。

老猫との日々の暮らしで気をつけたいこと

◆猫のからだが動くなら遊んであげる

高齢期を迎えた猫は、人間の高齢者と同じように徐々にできないことが増えてきて、生活スタイルも変わってきます。あなたの愛猫が7～10歳で、これから高齢期を迎える猫であったら、この中年期にどんなすごし方をするかで老齢期の生活が変わってきます。

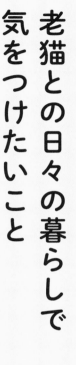

7歳をすぎるころから、猫は運動や遊びへの欲求が減り、のんびりした日常をすごすことが多くなります。しかし、まだ動くことができるこの時期に、なるべく猫の狩猟本能を刺激する工夫をすることで、高齢期の健康状態に差が出てきます。遊ぶことをやめてしまうと、猫の脳とからだの老化を加速させてしまうことになりかねません。

また高齢期になると、どうしても病院通いや薬を飲ませる機会が多くなります。中年期のうちからキャリーに慣れさせ、投薬、給餌の練習をしておくと、いざというときも

薬を飲むのも、そのうち慣れてくるニャ

投薬の練習方法

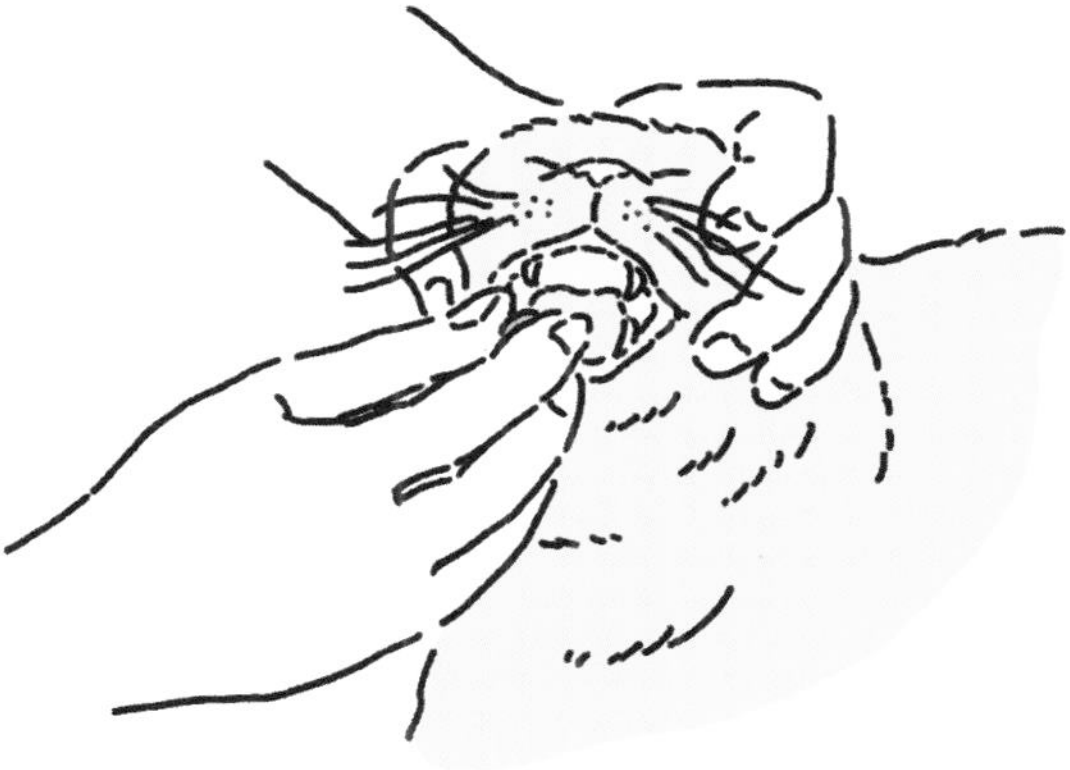

・手から小粒の薬もしくはフードを1粒ずつ与えます。

・慣れてきたら、犬歯の後ろのくぼみを持つようにして、口を開けて薬もしくはフードを入れます。

・口を開けることに慣れてきたら、口の中の奥に薬もしくはフードを入れる練習をしておきましょう。

給餌の練習方法

❶ シリンジにウェットフードをいれ、まずは鼻に近づけます。

❷ 興味をしめしたら、シリンジから少し出して口に持っていきます。

❸ 美味しいとわかったらなめ続けるので、ゆっくり押し子を動かして与えましょう。

あわてずにすみます。

〈高齢期のエサは、徐々に変えていく〉

高齢期に入った猫のエサは、運動量やからだの健康状態などにより、量を減らしたほうがよい場合とその逆の場合があります。獣医師に現在の猫の状態を伝えて、相談してみることをおすすめします。

歯が弱くなっている猫には、硬い粒状のドライフードはふやかして与えたり、ウェットフードを取り入れたりと、食べやすくする工夫が必要です。食欲がなくなってきた場合、ゆで卵やささみ、猫の好きなおやつなどをトッピングしてあげましょう。

シニア猫用に特別に設計された、からだに優しいキャットフードも市販されています。さらに歳とともに筋力が低下し、食事をするときに屈むのが難しくなった猫には、台の上に容器を置くなど工夫してみることをおすすめします。

〈つめきりと体温調節、口の中のケア〉

猫は、高齢になるにつれて自律神経が衰えてくるため、若いころよりも体温調整が上手くできなくなります。部屋の中でも温度設定には気を配り、熱中症や低体温症に気をつけましょう。とりわけ冬の寒さは老猫の身にこたえますので、寝床にはタオルなどの敷物を多めに入れてあげてください。

大好きだったつめとぎも、ひんぱんには行わなくなり、いつの間にかつめがのびすぎて、肉球に食いこんでしまうことも。こまめにつめきりをしてあげて、痛い思いをさせないよう気を配りましょう。

7歳を超えた猫は歯石が蓄積していることが多く、取り除くには動物病院で全身麻酔をかけ、デンタルクリーニングを受けなければなりません。軽いものならたまった歯石を綿棒で取り除き、ときどき歯みがきをするようにします。

歯みがきが苦手な猫には、マウスクリーナーや歯石予防効果のあるフードで、歯石がたまらないようにする方法もあります。汚れや臭いが気になるときは、獣医師に相談しましょう。

〈室内の安全対策〉

老猫になって、耳が遠くなったり目が悪くなったり、運動神経も衰えてきたりすると、住みなれた部屋の中でも思わぬ事故にあう可能性が高くなります。

たとえば棚やキャットタワーから落下する、浴槽でおぼれる、着地に失敗して前足をくじいてしまうといった事故が多発しています。改めて部屋の中を見直し、キャットタワーを低めにしたり、猫にとって危険な場所には入れないようにしておきましょう。

また、外出を許していた猫の場合も、この時期から室内飼いに徹底したほうが危険な目にあう確率が低くなります。そして、ふだんは見逃してしまいそうなからだの不調を早期発見するためにも、定期検診は欠かさないようにしましょう。

猫も歳をとると、できなくなることが増えてくるニャ

猫を看取るための心の準備とケアの方法

◆最期のときまで家族として対応する

愛猫が重い病気にかかると、寝たきりになってしまうことがあります。そんな状態になった猫の寝床は、骨があたっても痛くないクッション性のある素材に取りかえましょう。また、ずっと同じ姿勢で寝ていると、床ずれを起こしたり内臓にも負担がかかります。数時間おきにからだの向きを変えてあげましょう。

さらに、猫のからだ全体を優しくマッサージしてあげると、痛みも軽減します。からだを起こしたついでに、水分補給も忘れずに行ってください。

いよいよ余命宣告をされたら、飼い主も心の準備をしなくてはなりません。延命治療を受けるか、鎮痛剤の投与などで苦痛を和らげる治療に専念するか、獣医師と話し合い、愛猫にとっていちばんよい方法を考えてあげましょう。

純血種の平均寿命

種類	平均寿命
アメリカンカール	15歳
アメリカンショートヘア	15～20歳
ベンガル	12～16歳
ブルーシャトー	12～15歳
ボンベイ	15～20歳
ブリティッシュショートヘア	12歳
ヨーロピアンショートヘア	15～22歳
エキゾチックショートヘア	12～14歳
ヒマラヤン	15歳
ジャパニーズボブテイル	15～18歳
マンチカン	12～14歳
チンチラペルシャ	15歳
ロシアンブルー	15～20歳
スコティッシュフォールド	15歳

出典：THE AVERAGE LIFESPAN OF A CAT BREED BY BREED CHART

そして**病院で看取るのか、自宅で看取るかを考えるのも重要**なことです。入院治療を続けるのであれば、費用や手続きなどの確認をします。

最期のときを自宅で迎えさせたいのであれば、緩和療法が主体になります。猫の病気の状態や延命治療の有無、飼い主が家で世話を続けられる状態かなど、獣医師とよく相談して決めましょう。また、新たに必要なものがないか聞いておきましょう。

愛猫との別れはつらいものです。最期の瞬間まで猫の名前を呼び「よくがんばったね」「いままで楽しい時間をありがとう」と、からだをさすりながら優しく声をかけてあげれば、愛猫も安心して旅立つことができるでしょう。

亡くなる前に知っておきたい猫の葬儀、納骨、お墓のこと

◆猫の死亡を確認する

猫の死亡の確認は、獣医師が行うのがいちばん確実ですが、自宅で猫が亡くなった場合は、以下のような方法で飼い主が判断することになります。

①呼吸が停止しているか

猫の鼻や口、お腹の動きなどを見て、呼吸の有無を確認してください。

②心拍・脈の停止の確認

猫の胸のあたりに手をあてがい、鼓動の有無を確認してください。

③対光反射の消失

猫の目に光をあてて、瞳孔の収縮など反応の有無を確認してください。

いずれも反応がなければ、死亡とみなします。

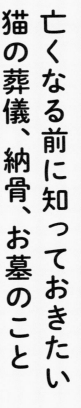

大好きなご主人に見送られて、いい一生をおくれたニャ！

猫の葬儀の準備

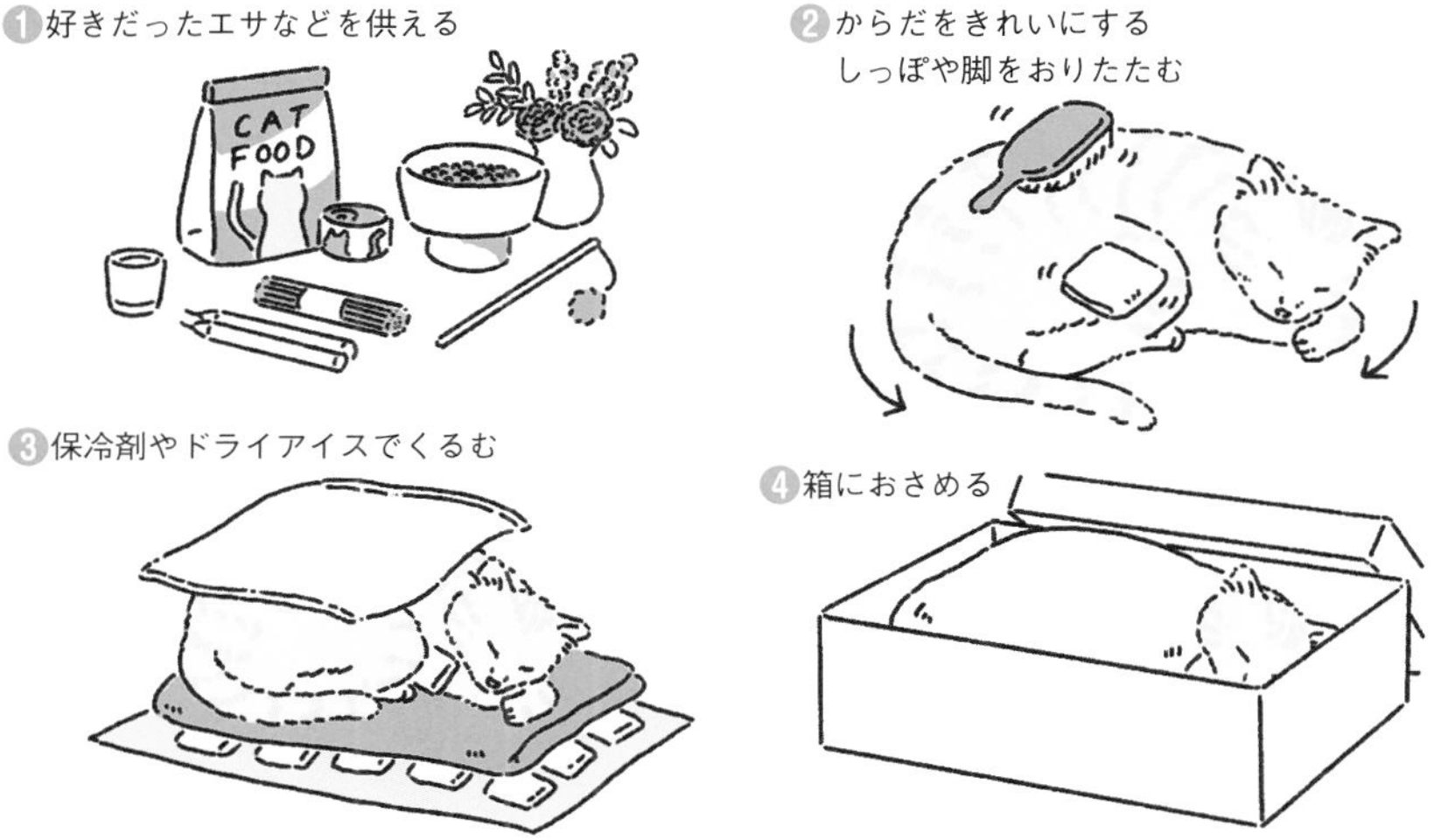
1 好きだったエサなどを供える
CAT FOOD
2 からだをきれいにする
しっぽや脚をおりたたむ
3 保冷剤やドライアイスでくるむ
4 箱におさめる

猫を箱などにおさめる

猫の死亡が確認されたら、供養に備えて猫の遺体を安置します。以下のものは事前に用意しておきましょう。

- **棺の代わりとなるダンボールや箱、かご**
- **タオル、毛布など**
- **保冷剤、ドライアイス**
- **ガーゼ**

棺となる箱は、紙以外でも問題ありませんが、材質によっては火葬ができない場合もあります。棺の中にタオルか毛布を敷いて、猫の遺体をゆっくりおさめましょう。なお、猫の死後硬直は早ければ死亡して30分後くらいからはじまりますので、その前にしっぽや脚をおりたたむなどしてあげてください。

猫の好きだったフードやおやつ、いつも遊んでいたおもちゃなどは、燃えないもの以外を入れてあげましょう。

猫の遺体の脇・お腹あたりに保冷剤をあてしっかり冷やして腐敗を防ぎましょう。これで火葬まできれいな状態を保つことができます。部屋は20度以下に保ち、涼しい場所であれば、2～3日は自宅で安置することができます。

猫を火葬する日まで、お線香をあげて供養してあげましょう。

〈猫の供養方法〉

猫の供養には、以下のような方法があります。

①私有地に猫の遺体を埋葬する

私有地なら、とくに許可なく自分で土葬することもできます。野生動物に掘り起こされないようにできるだけ深く掘り、埋めてあげましょう。費用もかからず、いつでも手を合わせることができます。その場所に苗木など植えて、目印とするのもいいかもしれません。

賃貸のひとり暮らしなら火葬となります。なお、河川や公園、山林などに勝手に葬ると、不法投棄とみなされます。

②自治体に引き取ってもらい、火葬を依頼する

亡くなったペットの引き取りを行っている自治体があります。引き取りは2000～